"十四五"职业教育国家规划教材

中等职业教育 中餐烹饪与营养膳食 专业系列教材

川菜制作

第2版

主　编　张　文　贾　晋
副主编　李　阳
参　编　李海涛　杨　俊　刘　源
主　审　郑存平

重庆大学出版社

内容简介

作为一本以介绍川菜制作为主要内容的教材，本书主要分为5个项目：走进川菜、认识川菜常用原料、学习川菜调味技术、学习川菜烹调技术、特色菜肴及创新川菜制作工艺。本书可作为中等职业学校中餐烹饪与营养膳食专业教材，也可作为职业培训教材，同时，对酒店管理类专业人员也有一定的参考价值。

图书在版编目（CIP）数据

川菜制作 / 张文，贾晋主编. ——2版. —— 重庆：
重庆大学出版社，2020.8（2024.8重印）
中等职业教育中餐烹饪与营养膳食专业系列教材
ISBN 978-7-5624-7663-4

Ⅰ. ①川… Ⅱ. ①张…②贾… Ⅲ. ①川菜—烹饪—
中等专业学校—教材 Ⅳ. ①TS972.117

中国版本图书馆CIP数据核字（2020）第150824号

中等职业教育中餐烹饪与营养膳食专业系列教材

川菜制作
（第2版）

主　编　张　文　贾　晋
副主编　李　阳
参　编　李海涛　杨　俊　刘　源
主　审　郑存平
责任编辑：沈　静　　版式设计：沈　静
责任校对：谢　芳　　责任印制：张　策

＊

重庆大学出版社出版发行
出版人：陈晓阳
社址：重庆市沙坪坝区大学城西路21号
邮编：401331
电话：（023）88617190　88617185（中小学）
传真：（023）88617186　88617166
网址：http://www.cqup.com.cn
邮箱：fxk@cqup.com.cn（营销中心）
全国新华书店经销
重庆升光电力印务有限公司印刷

＊

开本：787mm×1092mm　1/16　印张：9.5　字数：210千
2013年11月第1版　2020年8月第2版　2024年8月第11次印刷
印数：27 871—30 870
ISBN 978-7-5624-7663-4　定价：49.50元

第2版前言

川菜作为"中国四大菜系"之一，其历史源远流长。如今，川菜在全国乃至全世界都扮演了重要的角色。川菜注重调味，丰富的味型具有"海纳百川"的特点，包容着来自世界各地的食材，享有"一菜一格，百菜百味"之美誉。在我国西南地区，特别是四川和重庆等地，因其独特的地理环境和气候，形成了具有明显地域特色的美食。川菜品种丰富，味道多变。川菜以其味多味美和独特的风格，受到来自世界各地的朋友们喜爱。同时，川菜也带着自己独有的文化走向全世界。

编写第1版的初衷是将川菜制作的精髓进行了系统的归纳，供众多川菜爱好者学习，也为教师教学提供一本全面的、图文并茂的教材。本书主要从川菜的形成与发展特点着手，从川菜的常用原料等方面介绍了川菜制作的基本理论，着重从川菜味型与烹调方法两个方面深入浅出地介绍川菜制作的精髓。读者通过学习，能迅速掌握理论基础，有利于操作技能的提高。本书还根据当今市场的发展情况，有针对性地列举了部分当下流行的菜式，为今后创新菜肴的制作提供了一定的思路。在党的二十大召开以后，为了进一步完善本书的内容，我们再次对本书进行了修订。

本书在这次修订中，响应国家号召"科教兴国、人才强国"的目标，结合本书的特色，加入课程思政内容，达到为党育人、德技双修的目的。坚定不移走中国特色社会主义道路，将川菜历史、文化融入教材中，加强推进文化自信自强，繁荣发展烹饪服务行业，提高行业影响力。

本书在编写过程中，得到了四川省商务学校的支持。本书由张文、贾晋负责全书的统筹设计、统稿和修改工作。本书具体的编写分工是：李海涛编写项目1走进川菜；李阳编写项目2认识川菜常用原料；贾晋编写项目3学习川菜调味技术；杨俊编写项目4学习川菜烹调技术；张文编写项目5特色菜肴及创新川菜制作工艺；刘源负责所有菜品的制作；郑存平担任本书主审，负责审稿。

随着川菜制作技术的不断进步，虽然本书在第1版的基础上进行了修改，但是还存在一些不足与不当之处，敬请大家提出宝贵的意见和建议。

编　者

第1版前言

作为"中国四大菜系"之一的川菜，经历了几千年的发展，其文化已经成为中华饮食文化中的一朵奇葩。它包含我国西南地区，特别是四川和重庆等地具有地域特色的饮食。它品种丰富、味道多变、适应性强，享有"一菜一格，百菜百味"之美誉，以味多味美及其独特的风格，赢得了国内外人们的青睐。许多人发出"食在中国，味在四川"的赞叹。川菜的不断发展，也使四川饮食文化的内涵不断丰富。

编写本书的初衷是将川菜制作的精髓做系统的归纳，为众多川菜爱好者学习及教师教学提供一本全面的、图文并茂的教材。本书主要从川菜的形成与发展特点，川菜的常用原料等方面介绍了有关川式烹饪的基本理论，着重从川菜味型与烹调方法两个部分深入浅出地介绍了川菜制作的精髓。通过学习，能迅速掌握理论基础，有利于操作技能的提高。本书还根据当今市场的发展情况，有针对性地列举了部分当下流行菜式，为今后创新菜肴的制作提供了一定的思路。

本书在编写过程中，得到了四川省商业服务学校的支持。本书由张文、贾晋负责全书的统筹设计、统稿及修改工作。本书具体的编写分工是：李海涛编写项目1 走进川菜；梁雪梅编写项目2 认识川菜常用原料；贾晋编写项目3 学习川菜调味技术；杨俊编写项目4 学习川菜烹调技术；张文编写项目5 特色菜肴及创新川菜制作工艺；刘源负责所有菜品的制作；韦昔奇担任本书主审，负责审稿。

随着川菜制作技艺的不断进步，本书存在的许多方面的不足与不当之处，敬请大家提出宝贵的意见和建议！

编　者
2013 年 8 月

Contents

目　录

走进川菜

任务1 川菜的概述

　　川菜是中国四大菜系之一，素来享有"一菜一格，百菜百味""食在中国，味在四川"的美誉。川菜历史悠久，源远流长，在我国烹饪史上占有重要地位。川菜取材广泛，调味多变，菜式多样，口味清鲜醇浓并重，以善用麻辣著称，并以其别具一格的烹调方法和浓郁的地方风味享誉中外，成为中华民族饮食文化与文明史上一颗璀璨的明珠。据史书记载，川菜起源于古代的巴国和蜀国。经历了春秋至秦的启蒙时期后，至两汉两晋，呈现出了形成初期的轮廓。隋唐五代，川菜有了较大的发展。两宋时，川菜跨越了巴蜀疆界，进入东都，为世人所知。明末清初，川菜运用辣椒调味，将继承巴蜀时就形成的"尚滋味，好辛香"的调味传统发挥得淋漓尽致。晚清以后，川菜逐渐形成极具地方风味的菜系。中华人民共和国成立后，中国共产党和人民政府重视

烹饪事业，厨师地位提高，人才辈出，硕果累累，为川菜的进一步发展开辟了无限广阔的前景。改革开放之后，川菜在全国流行开来。

川菜风味包括重庆、成都、乐山、内江、自贡等地方菜的特色，主要特点在于味型多样。辣椒、胡椒、花椒、豆瓣酱等是主要的调味品，不同的配比，衍生出了麻辣、酸辣、椒麻、麻酱、蒜泥、芥末、红油、糖醋、鱼香、怪味等各种味型，厚实醇浓。

1.1.1 川菜的形成条件

川菜在我国饮食文化史上占有重要的地位。它取材广泛，调味多变，菜类丰富，口味清鲜醇浓并重，享誉中外，其快速的发展得益于以下几个方面：

1) 得天独厚的条件

四川自古以来就有"天府之国"的美称。境内江河纵横，四季常青，烹饪原料多而广。既有山区的山珍野味，又有江河的鱼虾蟹鳖；既有肥嫩味美的各类禽畜，又有四季不断的各种新鲜蔬菜和笋菌；还有品种繁多、质地优良的酿造调味品和种植调味品，如自贡井盐、内江白糖、阆中保宁醋、德阳酱油、郫县豆瓣、汉源花椒、永川豆豉、涪陵榨菜、叙府芽菜、南充冬菜、新繁泡菜、成都地区的辣椒等，都为各式川菜的烹饪及其变化无穷的调味，提供了良好的物质基础。此外，四川所产的与烹饪、筵宴有关的许多酒和茶，其品种质量之优异，也是闻名中外的，如宜宾的五粮液、泸州的老窖特曲、绵竹的剑南春、成都的水井坊、古蔺的郎酒等，它们对川菜的发展也有一定的促进作用。

2) 影响深远的风俗习惯

川人"尚滋味，好辛香"的食俗有着源远流长的历史因素。据史学家考证，早在公元前316年，秦统一"六国"夺取蜀国时，姜、花椒等辛香调味品，就已成了巴蜀地区的风味特产。《吕氏春秋·本味篇》曾有"和之美者，阳补之姜"的记载；《蜀督赋》中亦有"魔芋酱流誉于番禺乡"的描述；《华阳国志·蜀志》曰："其辰值末，故好滋味，德在少昊，故尚辛香。"这里解释了蜀人"好滋味，尚辛香"的原因。这说明位于中国西陲（少昊）的巴蜀，受气候环境的影响，人们好食辛辣味厚的食物。四川盆地气候温热潮湿，生活在这里的人，无论从生理上还是味觉上，都自然会对辛辣芳香的食物产生需要，以刺激味觉，满足人体代谢的需要，抵御疾病的侵袭。无论巴蜀原有的姜、花椒、葱、韭，还是以后引进的大蒜、辣椒，都具有散寒去湿、通窍活血、避辛解毒、祛寒解表、调味通阳的功效，恰好这些食物的食疗功能，满足了生活在内陆盆地的巴蜀人的需要，因此大行其道。前有"壮士出川"，后有"川人走南闯北"，如今川菜遍布大江南北、海外各地。川菜是四川人走向外界的桥梁，也是四川人与当地人交流的渠道。四川人带走了川菜烹调技术，带回了各地特色。

3) 广泛吸收各家之长

川菜的发展，不仅依靠其丰富的自然条件和传统习俗，还得益于广泛吸收外来经验。无论是宫廷、官府、民族、民间菜肴，还是对教派寺庙菜肴，它都能取其精华，充实自己。秦灭巴蜀，"辄徙"入川的显贵富豪，带进了中原的饮食习俗。其后，历朝治蜀的外地人，也都把他们的饮食习尚与名馔佳肴带入四川。特别是在清朝，外籍入川的人更多，以湖广为首，陕西、河南、山东、云南、贵州、安徽、江苏、浙江等省，都有人入川。这些自外地入川的人，既带来了他们原有的饮食习惯，又逐渐被四川的传统饮食习俗所同化。在这种情况下，川菜加速吸收各地之长，实行"南菜川味""北菜川烹"，继承和发扬优良传统，并不断改进提高，形成了风味独特、具有广泛群众基础的四川菜系。

1.1.2　川菜的特点

川菜是我国烹饪艺术中的一朵奇葩。川菜历史悠久，源远流长，与鲁菜、淮扬菜、粤菜齐名，同列为"中国四大菜系"。成都的川菜历来有"川菜正宗"之称。

川菜的主要特点是：注重选料，切配精细，烹制讲究，味别多样。川菜讲究的是色、香、味、形、器（容器）。尤重视一个"味"字。川菜以麻辣见长，变化无穷，故川菜有"一菜一格，百菜百味"之称。川菜最突出的特色在于调味，要做到浓淡有致。

1）注重选料

自古以来，厨师烹饪菜肴，对原料选择非常讲究，川菜亦然。它要求对原料进行严格选择，做到量材使用，物尽其用，既要保证质量，又要注意节约，也包括调料的选用。许多川菜对辣椒的选择是很注重的，如麻辣、家常味型菜肴，必须用四川的郫县豆瓣；制作鱼香味型菜肴，必须用川味泡辣椒等。

2）刀工精细

刀工是川菜制作的一个很重要的环节。它要求制作者认真细致，讲究规格，根据菜肴烹调的需要，将原料切配成形，使之大小一致、长短相等、粗细一样、厚薄均匀。这不仅能够使菜肴便于调味，整齐美观，而且能够规避成菜生熟不齐、老嫩不一。如水煮牛肉和干煸牛肉丝，它们的特点分别是细嫩和酥香化渣，如果所切肉丝肉片长短、粗细、厚薄不一致，烹制时就会火候难辨，生熟难分。这样，你有再高超的技艺，也是做不出质高味美的好菜。

3）合理搭配

川菜烹饪，要求对原料进行合理搭配，以突出其风味特色。川菜原料分独用、配用，讲究浓淡、荤素适当搭配。味浓者宜独用，不搭配；淡者配淡，浓者配浓，或浓淡结合，但均不使之夺味；荤素搭配得当，不能混淆。这就要求除选好主要原料外，还要做好辅料的搭配，做到菜肴滋味调和丰富多彩，原料配合主次分明，质地组成相辅相成，色调协调美观鲜明，使菜肴不仅色香味俱佳，具有食用价值，而且富有营养价值和艺术欣赏价值。

4）精心烹调

川菜的烹调方法很多，火候运用极为讲究。众多的川味菜式，是用多种烹调方法

烹制出来的。川菜烹调方法多达几十种，常见的如炒、熘、炸、爆、蒸、烧、煨、煮、焖、煸、炖、淖、卷、煎、炝、烩、腌、卤、熏、拌、糁、蒙、贴、酿等。每个菜肴采用何种方法进行烹制，必须依原料的性质和对不同菜式的工艺要求决定。在川菜烹饪的操作方面，必须把握好投料先后，火候轻重，用量多少，时间长短，动作快慢；要注意观察和控制菜肴的色泽深浅，芡汁轻重，质量高低，数量多寡；掌握好成菜的口味浓淡，菜肴生熟、老嫩、干湿、软硬和酥脆程度，采取必要措施，确保烹饪质量上乘。

川菜烹制，在"炒"的方面有其独到之处。川菜中的很多菜式都采用"小炒"的方法，其特点是时间短，火候急，汁水少，口味鲜嫩，合乎营养卫生要求。具体方法是：炒菜不过油、不换锅，芡汁现炒现兑，急火短炒，一锅成菜。菜肴烹饪看似简单，实际上包含着高度的科学性、技术性和艺术性，显示出劳动人民的无穷智慧和创造能力。

1.1.3 川菜菜系风味的组成

全国八大菜系各有所长，然而川菜声誉与日俱增，川菜馆不仅兀立于全国各大城市，而且远涉重洋，名震异邦。川菜的类别，主要由精美的筵席菜、实惠的三蒸九扣菜、丰富的大众便餐菜、独特的家常风味菜，以及多彩的民间小吃5个系列5 000多个品种组成。5个系列既各具特色，又互相渗透配合，形成一个完整的体系，对各地各阶层甚至对国外都有广泛的适应性。

1）精美筵席菜

烹制复杂，工艺精湛，原料一般采用山珍海味配以时令鲜蔬，其中名菜有大蒜干贝、清蒸竹鸡、如意竹荪、樟茶鸭子、辣子鸡丁等。可谓品种丰富，调味清新，色味并重，形态夺人，气派壮观。

2）三蒸九扣菜

这是最具巴蜀乡土气息的农家筵席，主要是就地取材，荤素搭配，汤菜并重，加工精细，重肥美，讲实惠。从各地筵席的菜式看，大都以清蒸烧烩为主，如粉蒸肉、红烧肉、蒸肘子、烧酥肉、烧白、东坡肉、扣鸭、扣鸡、扣肉等。

3）大众便餐菜

这类菜以烹制快速、经济实惠、口味多变、能适应各种层次的消费者需要为特点，如宫保鸡丁、蒜泥白肉、水煮肉片、麻婆豆腐、锅巴肉片、烧什锦、烩三鲜、口袋豆腐、香酥鸭等佳肴。

4）家常风味菜

这类菜以居家常用的调料为主，取材方便，简单易行，深受大众喜爱，是食肆餐馆和家庭常用菜肴。在巴渝很多家庭都爱自制泡辣椒或家酿豆瓣，用它来烹制菜肴，如豆瓣鱼、家常豆腐、鱼香肉丝、回锅肉、盐煎肉、肉末豌豆、过江豆花等。

5）民间小吃

巴渝的民间小吃品种繁多，异彩纷呈，重在独特精制，如汤圆、抄手、担担面、灯影牛肉、夫妻肺片、五香豆干等，都令众多食客为之倾倒。

1.1.4　川菜未来发展趋势

川菜经过历代烹饪大师的精心制作，如今已遍布全国各地，甚至远渡重洋，飘香国外。随着川菜不断受到人们的追捧，未来川菜的发展，更是诸多经营者和食客关注的话题。未来川菜的发展将有以下几点：

1）绿色化、健康化发展

近年来，随着川菜馆在全国各地扎寨，川菜酒楼的新川菜不仅拴住了人们的胃，也让不少人感受到了川菜的新变化。如今的川菜，要味道更要健康，消费者从只强调味道，到要求味道与营养完美结合，因此，新川菜必须符合21世纪的健康标准。在原料选择上，菜品在烹饪过程中要做到更科学、更合理，少用猛火爆炒、高温油炸等方法烹菜；菜品的搭配做到营养均衡；包装时尚美观，更强调纯天然、无公害。

2）品牌化、国际化发展

随着四川餐饮企业的迅猛发展，连锁经营在全国范围内陆续扩张，相对于其他省区而言，时间更早，优势更多，已经初步形成了一批知名的餐饮连锁品牌，在全国餐饮界中具备了相当的影响力，有力地带动了川菜的发展，为川菜走出四川跨出国门准备了条件，积累了宝贵的连锁经营方面的营销和管理经验，为进一步推动川菜发展奠定了良好的基础。

3）标准化、产业化发展

川菜的特点之一是单锅小炒，师傅不同，做出来的菜品的口感色泽等也有较大的差异，消费者往往就不清楚哪个才是正宗的产品。这就是属于餐饮产品技术标准不统一，同样一道菜的调料、分量等在不同地方有不同标准。另外，餐饮产品的标准化程度低，对同样一道菜的最终产品形态没有统一的规范。标准化还意味着品牌餐饮营销模式的标准化，每个餐厅必须有自己的主题，连锁店面的标志、设计、企业形象等都必须统一。未来川菜要发展到更大的规模，一定要走标准化、产业化的发展之路。同时，要不断学习国外的餐饮发展模式、管理模式，从而进行科学化的管理。

项目 **2**

认识川菜常用原料

任务1 川菜常用烹饪原料知识

2.1.1 植物类

1）冬寒菜

冬寒菜（图2.1），又名冬葵，民间称冬苋菜或滑菜，为锦葵科植物冬葵的嫩梢、嫩叶，一年生或二年生草本。冬寒菜原产于亚洲东部，四川栽培冬寒菜已有200余年的历史，分布也较普遍，为冬、春两季的叶菜之一。

四川所产冬寒菜有小棋盘、大棋盘之分，品质以小棋盘为佳。质地柔嫩清香，煮食柔滑、鲜美，

图2.1 冬寒菜

多用于烧烩、炖煮类菜式，民间主用于粥中。

2）瓢儿白

瓢儿白（图2.2）是二年生草本植物，植株贴地生长，叶片近圆形，向外反卷，墨绿色，有光泽。瓢儿白原产于我国，主要分布在我国长江流域，以经霜雪后味甜鲜美而著称于我国江南地区。瓢儿白营养价值高，有很多种菜系佳肴做法，无论蒸煮、清炖，还是烧卤、煎炸，都风味香浓，营养丰富，被视为白菜中的珍品。

图2.2　瓢儿白

3）莴笋

图2.3　莴笋

莴笋（图2.3），又称茎用莴苣、莴苣笋、青笋、千金菜等，为菊科植物莴苣的茎、叶。原产于地中海沿岸，我国大部分地区均有栽培。四川莴笋不仅分布广，而且品种多。由于四川的气候特别适宜莴笋的生长，因此盆地内可以周年生产、供应。

莴笋的茎、叶均可做菜，其色碧绿，其质脆嫩，清香多汁，营养丰富，而叶的营养比茎高得多。川菜中，适宜凉拌、腌渍、炒、烧、烩、煮。其嫩尖，

四川俗称凤尾，也是做菜的优良原料。

4）落葵

落葵（图2.4），又称软浆叶、木耳菜、豆腐菜、胭脂菜，为落葵科植物落葵的嫩梢和叶片，一年生缠绕草本。落葵原产于热带，我国各地均有栽培，四川以川西、川南为多，为夏、秋主要绿叶蔬菜之一。落葵叶肉厚实，质地柔嫩，主要用于汤菜，亦可炒食。

图2.4　落葵

5）茼蒿

图2.5　茼蒿

茼蒿（图2.5），又称蓬蒿、蒿菜、菊花菜，为菊科植物茼蒿的茎叶，一年生或二年生草本。茼蒿原产于我国，南北普遍栽培，巴蜀地区以攀枝花、重庆、成都等地所产最多，为冬、春季叶菜之一。四川茼蒿按叶片大小，分大叶子、小叶子、细叶茼蒿3种，品质以前两种为佳。茼蒿色绿、肉厚、清香、含丰富的营养成分，尤其是胡萝卜素的含量超过一般蔬菜。入馔宜凉拌、清炒，还可作一些面点的馅料。

图 2.6　魔芋

6）魔芋

魔芋（图 2.6），又称药翡、鬼芋、花伞辛巴、蛇六谷、星芋，为天南星科植物魔芋的块茎。魔芋原产于我国和越南，我国西南和东南地区栽培较多。四川不仅是主产区，而且有近 2 000 年的栽培历史。

块茎经研细与石灰水等原料熬煮、冷却、凝固而成的块状食品，称魔芋，又称黑豆腐，用于做菜，以烧法为主，也可用于小吃。

7）二金条

二金条（图 2.7），又称二荆条，为四川干椒类辣椒的著名品种。全省均有分布，以成都龙潭一带所产品质最优，被誉为"世界上最好的辣椒"。

二金条形状细长，颜色鲜红而有光泽，味辣、香浓、质地细，除主要加工制干辣椒外，还用于制豆瓣酱和泡红辣椒。此外，什邡的什邡椒、西充的西充辣椒、西昌的线辣椒等，也是加工干辣椒、豆瓣酱和泡辣椒的重要原料。

图 2.7　二金条

8）七星椒

图 2.8　七星椒

七星椒（图 2.8）是四川省威远县的特产，新店的"七星椒"素以辣素重、回味甜而闻名，这种辣椒放在 1 米的视线内，常人就会有泪水熏出。中国吉尼斯总部考察认为新店七星椒是中国最辣的辣椒。

威远七星椒以其皮薄肉厚、辣味醇香、口感良好、营养丰富，且富含维生素 C、各种氨基酸、胡萝卜素、辣红素及钙、磷、铁等矿物质，被誉为中国第一香辣之称号，是全国优质农产品，曾出口韩国、菲律宾、荷兰、新加坡等国家，在全国和国际上具有一定知名度。

9）豌豆

豌豆（图 2.9），又称麦豌豆、寒豆、麦豆、雪豆、毕豆、国豆、蚕豆（吴语）等，属豆科植物，起源于亚洲西部、地中海地区和埃塞俄比亚、小亚细亚西部，其适应性很强，在全世界的地理分布很广。豌豆在我国已有两千多年的栽培历史，现在各地均有栽培，主要产区有四川、河南、湖北、江苏、青海等 10 多个省区。

图 2.9　豌豆

干豌豆粒除用于炒、炸、渍等家常小菜外，还可以加工成粉条、豆粉、坏豌豆、凉粉等制品，供烹调用。

10）四季豆

四季豆（图 2.10），又称菜豆、云豆、豆角，为豆科植物菜豆的嫩荚，一年生草本，蔓生或矮生。四季豆原产于美洲墨西哥和阿根廷等地，在我国已有约 400 年的栽培历史，多数地区均有栽培。四季豆在四川分布极广，各地普遍栽培，是五六月最普及的蔬菜之一。

四季豆分为软荚种和硬荚种。软荚种做蔬菜，具有色绿、清香、肉质脆嫩的特点，宜干煸、凉拌、家常烧；硬荚种主食豆粒，作粮食

图 2.10 四季豆

用。鲜四季豆含毒蛋白和皂素，在 100 ℃时才能破坏，因此在烹制时要充分煮熟。

11）竹笋

竹笋（图 2.11）为禾本科植物方竹的嫩芽。我国华北、华南及秦岭以南地区均有分布。重庆主产于南川金佛山，8 月下旬采掘。

鲜笋质地细嫩清香、肉厚，入馔宜炒、焖、烧。

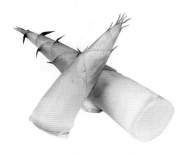

图 2.11 竹笋

12）椿芽

椿芽（图 2.12），又称香椿头，为楝科植物香椿的嫩芽。香椿为落叶乔木，我国各地均有分布，四川为主产区之一。

椿芽色鲜味美，柔嫩清香，为春季应时蔬菜。川菜中多用于增香和体现风味，菜品有椿芽胡豆、椿芽白肉、香椿烘蛋等。

图 2.12 椿芽

13）竹荪

竹荪（图 2.13），又称竹笙、竹参菌、僧笠蕈，担子菌纲，鬼笔科，为世界著名的食用菌，有山珍之王、素中珍品之称。我国主产于四川、云南、贵州等地。四川主产于宜宾、乐山、绵阳和凉山州等地区，以长宁县出产较多，品质最好。

图 2.13 竹荪

竹荪多为野生，也可人工栽培。干品以色泽浅黄、体壮肉厚、气味清香、菌裙完整为上品，具有滋补强壮、益气补脑、宁神健体的功效。同时，竹荪有减少体内脂肪贮积的作用，是心血管病患者的理想食品。

另外，竹荪还有防止食品酸败变质的特殊作用，入馔时主用于高级筵席的清汤菜式，成菜质地柔嫩，香鲜味美。

图 2.14　银耳

14）银耳

银耳（图 2.14），真菌类银耳科，又称白木耳、雪耳、银耳子等，性平，味甘、淡，无毒，具有润肺生津、滋阴养胃、益气安神、强心健脑等作用。

银耳实体纯白至乳白色，胶质，半透明，柔软有弹性，由 10 余片瓣片组成，形似菊花形、牡丹形或绣球形，直径 3 ～ 15 厘米。干后收缩，角质，硬而脆，白色或米黄色，子实层生瓣片表面。

15）松茸

松茸（图 2.15），又名松口蘑，是名贵食用菌。新鲜松茸，形若伞状，色泽鲜明，菌盖呈褐色，菌柄为白色，均有纤维状茸毛鳞片，菌肉白嫩肥厚，质地细密，有浓郁的特殊香气。

图 2.15　松茸

四川省的松茸分布在阿坝州的壤塘、小金、金川、马尔康、理县、茂县等，甘孜州的康定、雅江、理塘、巴塘、稻城等十几个县，凉山州的木里、盐源、冕宁、德昌及攀枝花市的盐边等县，其中的野茸（壤塘野人谷松茸）品质上等，质地细嫩，香味浓郁，味道鲜美，口感如鲍鱼，润滑爽口，品质为国际上品。

16）香菇

图 2.16　香菇

香菇（图 2.16）为真菌植物门真菌香蕈的子实体，属担子菌纲伞菌科，是世界上著名的食用菌之一。它含有一种特有的香味物质——香菇精，形成独特的菇香，所以称为"香菇"。由于营养丰富，味道鲜美，素有菇中之王、蘑菇皇后、蔬菜之冠的美称。不仅位列草菇、平菇之上，而且素有"植物皇后"之誉，为"山珍"之一。香菇菌盖伞形，直径 3 ～ 6 厘米，表现呈黄褐色或黑褐色，菌褶白色，菌柄黄色，并生有棉毛状的白色鳞片，干燥后不明显。香菇生长在冬季（立冬后至来年清明前）。主要产地在浙江、福建、江西、安徽等省的山林地带。香菇味鲜而香，为优良的食用菌。

17）芫荽

（图 2.17），又称香菜、胡荽、香荽等，原产　　　邻、波斯及埃及一带，唐时由阿拉伯人　　　荽茎直立中空，有分支；羽状复叶，

图 2.17　芫荽

互生，叶柄绿色或淡紫红色，具有特殊香气。选择时以色泽青绿、香气浓郁、质地柔嫩、无黄叶及烂叶者为佳。

芫荽以生用调味为主，或炒食、制馅，或凉拌，也可以作为菜肴的装饰、配色。

18）芹菜

芹菜（图2.18），又称芹、药芹、旱芹、香芹，属香辛叶类蔬菜，一年均产，以秋末、冬季所产品质最佳。芹菜叶柄细长，中空或实心，质地脆嫩，有特殊的芳香味。根据叶柄的色泽可分为青芹或白芹。现有引进的品种西芹，其叶柄宽扁且肥厚，多为实心，味淡、脆嫩。

在烹调中多用于调味使用，也可用于炒、炝、拌、泡等烹调方法。

图2.18 芹菜

2.1.2 动物类

1）汉阳鸡

图2.19 汉阳鸡

汉阳坝位于乐山、夹江、青神三县交界处，是岷江河湾的一个大沙洲，土地肥沃，盛产粮食和花生。每到秋收季节，沙洲上的花生收获了，沙地里残留的花生也不少，农家便将各自养的鸡敞放田野，任它们啄食田间的昆虫，刨食沙土里残留的花生。因此，汉阳坝养殖的鸡特别细嫩肥美，被称为汉阳鸡（图2.19）。

在诸多小吃中，以白斩的麻辣汉阳鸡块最受欢迎。汉阳鸡肉质细嫩肥美，其制作方法也很讲究：将鸡宰杀后煺尽毛，哪怕是绒毛，也不残留一根。煮鸡前，用麻绳捆缠鸡翅、鸡腿，其目的是使鸡肉味道更鲜；在鸡肉厚实处，用竹签插上细孔，以利于水分的吸附和热渗透。煮鸡的火候掌握尤显绝妙——煮鸡的水要开而不沸，以保证煮好的鸡不破不裂。拌鸡块的滋汁就其主味来说，当然是麻辣味了，不过各家都很有讲究。

2）牛蛙

牛蛙（图2.20），又称喧蛙、食用蛙，属两栖纲蛙科动物，因其叫声似牛叫，故名。牛蛙原产于北美洲，我国现已引种养殖。

牛蛙体粗壮，头长与头宽几乎相等，吻端尖圆而钝，前肢短，后肢长，趾间有蹼，背部粗糙，呈绿褐色且具暗褐色斑纹，头部及口缘呈鲜绿色，腹面白色，肉质细嫩，入馔宜炸收、熏、爆炒、烧焖。

图2.20 牛蛙

3）水密子

水密子（图2.21），又称圆口铜鱼、肥沱、水鼻子，即方头水密子。鲤形目，鲤科，为铜鱼的近似种。我国主要分布于长江上游的干支流，是长江上游的重要经济鱼类。

图 2.21　水密子

水密子体长，前部圆筒形，后部稍侧扁，头后背部显著隆起，吻较宽圆，口呈宽弧形，眼径小于鼻孔，须1对、粗长，胸鳍长，体被鳞，呈黄铜色或肉红色，具金属光泽，腹部呈淡黄色，背鳍灰黑略带黄色，胸鳍肉红带黑色，尾鳍金黄色。个体一般重1千克，大者可达4千克。肉质鲜美，富含脂肪。入馔宜清蒸、干烧、红烧。

4）岩鲤

岩鲤（图2.22），俗称黑鲤、岩鲤鲃、墨鲤、水子、鬼头鱼，属鲤形目，鲤科，鲤亚科，原鲤属。岩鲤体侧扁，呈菱形，背部隆起呈弧形，腹部圆。头小，呈圆锥形，吻较尖，吻长小于眼后头长。口亚下位，呈马蹄形。唇厚，唇上有不太明显的乳头状突起，小鱼则完全没有。须2对，后对比前对略长，鱼眼径约等长，眼大。侧线平直，侧线鳞43～45个。

图 2.22　岩鲤

背、臀鳍刺均特别强壮，后缘有锯齿。背鳍外缘平直，基底长，分枝鳍条为18～21，背、腹鳍起点相对。胸鳍长，末端达腹鳍起点。头部及体背部深黑色或黑紫色，略带蓝紫色光泽，腹部银白。每一鳞片的后部有1黑斑。尾鳍后缘有1黑色的边缘。在生殖期间，雄鱼各鳍为深黑色，头部有珠星。

5）江团

图 2.23　江团

江团（图2.23），又称黄吻、肥沱、鮰鱼，分布于全国各主要水系。巴蜀主产于岷江的乐山江段，长江的重庆江段。

江团体延长，腹部圆，尾部侧扁，头较尖，吻特别肥厚，须短且有4对，眼小、上侧位，被皮膜覆盖，背鳍后缘有锯齿，无鳞，体色粉红，背部略带灰色，腹部白色，鳍灰黑色。一般长30余厘米，重1千克，最大的，可重达10千克。

江团肉鲜嫩、肥美、刺少，为上等食用鱼，入馔宜清蒸、粉蒸、红烧，其鳔特别肥厚，干制后为名贵鱼肚，被视为肴中珍品。

6）雅鱼

雅鱼（图2.24），又称齐口裂腹鱼、细甲鱼，古称丙穴鱼。鲤形目，鲤科。分布于长江上游，主产于四川岷江的大渡河。

图2.24 雅鱼

雅鱼体延长，稍侧扁，吻圆钝，口宽下位、横裂，下颌是肉质边缘，须2对，体被细鳞、胸部和腹部均有明显的鳞片，背部暗灰色，腹部银白色。体重一般为0.5～1千克，大者可达5千克。

雅鱼肉多、质嫩、刺少，为优良的食用鱼之一。四川雅安地区烹此鱼久负盛名，不仅制法多样，而且各具特色，并已研制成"雅鱼席"以饷广大食者。

7）鲶鱼

鲶鱼（图2.25），俗称塘虱，又称怀头鱼。鲶鱼，即鲇鱼，鲶的同类几乎分布在全世界，多数种类生活在池塘或河川等淡水中，但部分种类生活在海洋里。普遍没有鳞，有扁平的头和大口，口的周围有数条长须，利用此须能辨别出味道，这是它的特征。

鲶鱼体长形，头部扁平，尾部侧扁。口下位，口裂小，末端仅达眼前缘下方（末端达眼后缘的是大口鲶）。下颚突出，齿间细，绒毛状，颌齿及梨齿均排列呈弯带状，

图2.25 鲶鱼

梨骨齿带连续，后缘中部略凹入。眼小，被皮膜。成鱼须2对，上颌须可深达胸鳍末端，下颌须较短。幼鱼期须3对，体长至60毫米左右时1对颏须开始消失。鲇鱼多黏液，体无鳞。背鳍很小，无硬刺，有4～6根鳍条。无脂鳍，臀鳍很长，后端连于尾鳍。鲇鱼体色通常呈黑褐色或灰黑色，略有暗云状斑块。

任务2 川菜调味品知识

2.2.1 郫县豆瓣

郫县豆瓣（图2.26）属于四川特产，使用蚕豆、精盐、辣椒、面粉等原料通过长期翻、晒、露等传统工艺天然精酿发酵而成。郫县豆瓣在川菜中运用广泛，有"川菜之魂"的美誉，其中"鹃城牌"郫县豆瓣荣获"中华老字号"称号。优质豆瓣具有红褐油亮、香气扑鼻、味鲜微辣、回味悠长的特点。烹调中

图2.26 郫县豆瓣

常用于炒、烧、炸、蒸、拌等类菜肴的制作，如回锅肉、麻婆豆腐、豆瓣鱼等经典川菜都离不开郫县豆瓣的身影。在使用豆瓣时，应该注意其本身的咸味、炒制的油温、加热的时间等。

图 2.27 泡辣椒

2.2.2 泡辣椒

　　泡辣椒（图 2.27）属于四川独有的调味原料。泡辣椒是一种以湿态发酵方式加工而成的腌渍品，是四川泡菜类的一种，具有去腥、解腻、开胃、增香、增色、提鲜等作用。主要用于炒、爆、熘等菜肴的制作，如著名的鱼香肉丝、火爆腰花等菜肴都要用到泡辣椒。优质的泡辣椒具有色泽鲜红、鲜辣微酸、咸鲜适口、皮厚籽少的特点。

2.2.3 豆豉

　　豆豉（图 2.28）以大豆为主要原料，经过发酵等一系列加工方式制作而成。豆豉的种类较多，按加工原料分为黑豆豉和黄豆豉，按口味分为咸豆豉和淡豆豉。四川豆豉非常有名，其中永川豆豉、潼川豆豉等都是脍炙人口的名品。优质的豆豉具有色泽黑褐、油润光亮、酱香浓郁、咸淡适中、鲜美可口的特点。在制作菜肴时要注意其本身的咸度，可适当减少咸味调味料的使用量。

图 2.28 豆豉

2.2.4 食盐

图 2.29 食盐

　　食盐（图 2.29）是日常生活中用途最广的调味品。食盐按其来源分为海盐、井盐、湖盐等。在川菜制作中，"自贡井盐"运用十分广泛，也为制作出上好的川菜提供了必要的保证。食盐具有确定菜肴咸味、提鲜味、除腥解腻、杀菌、增进食欲、作为传热介质等作用。优质的食盐具有色泽洁白、杂质少、不结块等特点。在使用时应注意防潮、防止调味品之间的交叉污染。

2.2.5 酱油

　　酱油（图 2.30）在咸味调味品中的地位仅次于食盐，是以大豆、面粉、麸子、精盐等为主要原料经过发酵酿造而成的液体调味品。优质酱油具有色泽红褐、香气浓郁、滋味鲜美、味道醇厚、回味悠长、无沉淀等特点。在菜肴的制作中，酱油具有辅助定咸味、提鲜、增色、去腥解腻等作用。由于酱油是有色的咸味调味品，因此在烹调中应注意其颜色和咸度。

图 2.30 酱油

2.2.6 食醋

食醋（图2.31）是以大米、高粱、麦子等含糖或淀粉较高的粮食作为原料，经糖化、发酵等工序制作而成的液体调味料。四川著名的品种有保宁醋等。它具有确定菜肴酸味、调和滋味、去除异味、杀菌消毒、帮助消化等作用。优质的食醋具有酸味纯正、香味浓郁等特点。在食醋的使用中应注意投放的时间、保存的方法。

图 2.31　食醋

2.2.7 辣椒

图 2.32　辣椒

辣椒（图2.32）具有强烈的刺激性，并带有辛香味。辣椒品种较多，其辣味的程度也不相同，川菜中常用的辣椒品种有二荆条、朝天椒、小米椒等，在菜肴制作中应根据具体情况合理选择辣椒的品种，如制作宫保鸡丁选用二荆条较好。在烹调中辣椒主要用于炒、烧、炸收及麻辣火锅等菜肴的制作。优质的辣椒具有色泽深红、肉厚皮亮、形体完整、辣味纯正的特点。

2.2.8 花椒

在烹调中，花椒（图2.33）与辣椒一般都是配合使用，构成川菜中的代表味型——麻辣味。四川的汉源花椒是十分著名的品种。品质好的花椒具有色泽棕红、籽少、开口、干燥均匀、香麻持久的特点。花椒具有除腥解腻、增香、促进食欲的特点。

图 2.33　花椒

2.2.9 葱

葱（图2.34）是一种很普遍的调味品或蔬菜，属草本植物。葱叶为圆筒形，前端尖、中间空、油绿色，含有挥发油，具有特殊的香辛味。葱茎为黄白色，质地脆嫩。葱有大葱和小葱之分，大葱多被用于做菜，小葱多为调味品使用。

图 2.34　葱

2.2.10 姜

姜（图2.35），又称生姜、黄姜。姜根茎肥大，呈扁平不规则的块状，横生分枝，

图 2.35　姜

表面灰白色或黄色。大白姜为灰白色，小黄姜为黄色。大白姜有光泽，具有浅棕色环节，质脆，有清淡的芳香味和一定的辛辣气味；小黄姜根块较小，芳香味浓郁，辛辣味重。根据姜的生长期不同，分为老姜和嫩姜。老姜质老，辛辣味浓；嫩姜又叫子姜，芳香、辛辣兼具，质地脆嫩。

2.2.11　大蒜

大蒜（图 2.36），又称蒜头、胡蒜、独蒜。大蒜呈扁圆球形或短圆锥形，外皮灰白色或紫红色，内有 6~10 个蒜瓣（或独蒜），蒜辣味浓郁。

大蒜是重要的调味品。剥去外皮使用，具有增加风味、去腥除异、杀菌消毒的作用。

图 2.36　大蒜

图 2.37　八角

2.2.12　八角

八角（图 2.37），又称大茴香、大料、唛角，有多个集成聚合果，颜色呈棕红色，香气浓郁，适合烧、卤等烹饪技法。

2.2.13　桂皮

桂皮（图 2.38），又称川桂、天竺桂、柴桂。颜色呈棕红色、棕灰色，是川菜制作中必不可少的香料之一，在烹饪过程起除异增香的作用。

图 2.38　桂皮

学习川菜调味技术

知识教学目标

1. 通过老师示范，能够初步掌握基本味型的调制方法。
2. 了解不同味型的差别和调料比例。
3. 通过学习，能够调制不同味型，能够进行菜品的加工。

能力培养目标

1. 掌握不同味型之间的复杂关系，每种调味料的作用以及能够引起的变化。
2. 独立完成教学菜品的初加工、精加工和调味。

思政目标

1. 通过老师对烹饪的讲述，以及行业未来的前景，树立学生爱岗敬业的意识。
2. 通过老师点评和专业工具的测量，用科学的方法，提升菜品的质量，打造学生的工匠精神。

任务1 调味的意义和作用

调味工艺是运用各种调味原料的有效的调制手段，使调味料之间及调味品与主配料之间相互作用，协调配合，从而赋予菜肴一种新的滋味的过程。

3.1.1 调味的意义

调味是达到饮食目的的主要手段，是体现菜肴口味、质量特色的关键操作技术。在调味中，应根据不同的烹调方法、不同的原料以及菜肴所需的成菜特点，采取不同的调味方法和手段，以达到去除原料异味、增加美味的目的。

3.1.2 调味的作用

①确定菜肴滋味，突出菜点口味。调味原料经组合可产生不同的风味，使烹制的菜肴具有鲜明的口味特征。

②去除原料异味。如花椒、八角、桂皮等不但能增加菜肴的香味，还可掩盖菜肴的异味。

③改变菜点外观形态，增加菜点色泽。各调味品本身都具有一定色彩，可根据菜肴制作要求选择相应的调味品。

④增加菜点营养成分。调味原料还含有少量营养物质，有的有利于保持和增加人体对营养物质的吸收，如酱油、醋、高汤等含有多种对人体有益的蛋白质、氨基酸及糖类，醋还可保持原料中的维生素 C，促进排骨中钙的溶解。

⑤杀菌消毒，保护营养。如在冷菜制作中，利用食盐、葱、蒜等调味品可杀死微生物中的病菌，提高食品的卫生质量。

⑥突出菜肴的地方风味。调味是构成地方风味的主要因素之一，当人们提起麻辣味、鱼香味等就会随之想起川菜。

⑦增进食欲。烹调菜肴就是要使菜肴的色泽鲜艳、美观、味型多样，以增进人们的食欲。

任务2 调味的方法和时机

在菜肴的烹调过程中，调味的方法千变万化，多种多样，各有特色。但是不管怎样改变，都应该根据原料本身的特点、烹调方法及成菜之后需要达到的要求合理运用调味技术，使菜肴达到更加完美的效果。

3.2.1 调味的方法

根据烹调加工中原料入味的方式不同，可以将调味方法分为腌渍、热渗、裹浇、粘撒、跟碟等。

1）腌渍调味法

在烹调菜肴的过程中，将原料与调料拌和均匀或者将原料放入加有调味品的水中，经过一定的时间让其味道充分融入原料之内的方法。

2）热渗调味法

在烹调菜肴的过程中，通过加热使调料中的呈味物质渗入原料中的调味方法。此调味法需要一定的加热时间，时间越长入味就越充分。

3）浇裹调味法

在烹调菜肴的过程中，将液体状态的味汁浇裹在原料之上的调味方法，如炸熘的菜肴就是将汁液浇裹于原料之上。

4）粘撒调味法

将颗粒或者粉状的调味料黏附在原料上，使原料具有味道的一种调味方法，如椒盐茄饼的调味。

5）跟碟调味法

将调好的味汁装入碗内和菜肴一起上桌，供用餐者蘸食的一种调味方法。在制作中可以调制出多种味型，用餐者可以根据喜好蘸食自己喜欢的味道，选择灵活，如四味毛肚、双上鸡片等菜肴。

3.2.2 调味的时机

1）原料烹调加热前的调味

烹调前的调味也称基本味，是指原料在烹制之前就赋予其基本的底味，同时能够减少原料的异味、改善原料的色泽。

2）原料烹调加热中的调味

原料加热中的调味又称定味调味。调味是在加热容器内进行，其目的是让各种主料和辅料的味道能够充分地融合在一起，从而确定菜肴的滋味。

3）原料烹调加热后的调味

原料烹调加热后的调味又称辅助调味，是指在前两次调味后仍然达不到菜肴的味道需求，需要再进行一次调味来弥补前两次调味的不足。

任务3 调味的原则

味是菜肴的灵魂，在调味时必须掌握调味原料的性能、特点、用量、投放时间的先后顺序来满足不同菜肴的需求，依据不同菜肴原料的质地、形态、规格、本味的不同，在调味时采用的方法也应该有所不同。调味时要遵循以下原则：

①确定口味，准确调味。每份菜肴都有独特的味型和成菜要求，在烹制菜肴时，要根据原料的性质、特点准确地进行调味。

②根据原料合理控制调味品的用量。对于不同的原料，调味品的用量和种类都要适当地选择。例如，本味鲜美的原料在进行烹调时就应该尽可能地保持其本身的鲜味，调味品的用量应适当减少，从而避免影响原料本身的特点；对于异味稍重的原料在调味时应适当加重调味品的投放量，用来掩盖原料本身存在的不足之处，使成菜更加美味可口。

③合理使用各种调味品。调味品的种类多样，性质各不相同，使用时应正确选择。如老抽和生抽最大的区别在于前者焦糖含量更高，运用在热菜中菜肴的上色，后者较多用于凉菜的调味使用。

④根据季节的变化进行调味。随着季节气候的变化，人们对于菜肴口味的要求也会改变。在炎热的季节，人们往往喜欢口味清淡、颜色清淡的菜肴。在寒冷的季节，则喜欢口味较浓厚、颜色较深的菜肴。在调味时，可以在保持风味特色的前提下，根据季节变化，灵活掌握。

⑤根据不同人群的口味进行调味。人的口味受到众多因素的影响，如地理环境、饮食习惯、宗教信仰、性别差异、年龄大小、劳动强度等。要根据具体的对象、具体的情况，采用不同的调味方法。

任务4 川菜味型及调味技术

3.4.1 自制调味品技术

1）红油

川菜中必备的复合调味料，利用植物油、辣椒粉和香料等一起炼制而成，具有色泽红亮、香辣不燥的特点，常用于凉菜、热菜、面点等的调味使用。

材　料	工艺流程
原　料 干辣椒粉 200 克 菜籽油 1 000 克 姜 30 克 葱 50 克 香料少许 白芝麻 20 克	制作方法 　1. 将姜葱洗净，姜拍破，葱切成节，干辣椒粉、白芝麻、姜葱、香料放入耐高温的容器内。 　2. 将菜籽油倒入锅内，加热至色淡无异味时，端离火口，待温度下降到 130~160 ℃ 时，倒入干辣椒中，一边倒一边搅拌均匀，用时挑去香料、姜葱即可。  图 3.1 关键点 　1. 油与干辣椒粉的比例一般在 1∶5 ～ 1∶4，烫制时，油温应控制在 130 ～ 160 ℃，以免将辣椒粉烫黑。 　2. 可根据不同的口味选择辣椒粉的辣度，一次烫制，多次使用。 　3. 红油一般不急制急用，应该让其储藏几天，让辣椒粉的色泽和香味充分融入油中。  图 3.2 　4. 烫制的植物油应选用菜籽油，因为菜籽油香具有浓郁的香味。

成菜特点　色泽红亮，香辣不燥。

2）油酥豆瓣

四川豆瓣品种较多，有郫县豆瓣、红油豆瓣、家常豆瓣、香油豆瓣等，油酥豆瓣一般利用郫县豆瓣、家常豆瓣或红油豆瓣与植物油混合慢慢炒制而成。

材　料	工艺流程
原　料 郫县豆瓣 100 克 精炼油 200 克	制作方法 　　1. 将郫县豆瓣剁细。 　　2. 将锅炙好，放油加热至 90 ℃，放入郫县豆瓣，用小火炒至油呈红色、豆瓣酥香时，起锅即成。 图 3.3 关键点 　　1. 豆瓣在炒制前应该反复剁细。 　　2. 用小火进行炒制，炒香上色，不能炒焦。 　　3. 食用时加入味精、葱花味道更佳。 图 3.4

成菜特点　色泽红亮，香辣味浓，风味独特。

3）油酥豆豉茸

油酥豆豉茸是川菜中常用的调味原料，使用上好的豆豉和油一起炒制，具有色泽棕褐、酱香味鲜的特点。

材　料	工艺流程
原　料 豆豉 100 克 精炼油 200 克	制作方法 　　1. 将豆豉加工成泥。 　　2. 将油、豆豉泥放入锅中，小火加热炒至豆豉有酥香味溢出时，端离火口，装入盛器中，即可使用。 图 3.5 关键点 　　1. 炒制时，油温不能过高，应控制在 100 ～ 120 ℃。 　　2. 豆豉必须加工成细茸状。 图 3.6

成菜特点　色泽棕褐，酱香味鲜。

4）葱油

葱油是厨房常备原料之一，在制作许多菜肴时都会使用，如制作葱油香菇、葱油鸡等。

材　料	工艺流程
原　料 大葱 500 克 姜 200 克 洋葱 100 克 精炼油 800 克	**制作方法** 　　1. 将葱、姜、洋葱洗净，葱、姜拍破，洋葱改刀成小块。 　　2. 锅置火上放入油加热至 130 ～ 150 ℃，倒入姜、葱、洋葱用小火慢慢熬制出味，即成葱油。 图 3.7 **关键点** 　　1. 熬制时，油温不宜过高，应用小火慢慢将香味熬出来。 　　2. 如没有洋葱也可以不加，加入洋葱是为了让葱油的香味更加浓郁。 图 3.8

成菜特点　色泽淡雅，葱香味浓郁。

5）椒麻糊

椒麻糊是川菜中的独有复合调味品，具有色泽翠绿、清香味麻的特点。常用于凉菜、热菜、面点的调味。

材　料	工艺流程
原　料 绿葱叶 75 克 花椒 15 克 香油 50 克	**制作方法** 　　1. 将葱叶择洗干净，花椒去掉黑仁。 　　2. 葱叶和花椒一起切成细末，装入调料缸中，加入香油调匀即成。 图 3.9 **关键点** 　　1. 花椒应选用优质佳品（如汉源花椒），葱叶应选用绿色味浓的香葱叶。 　　2. 葱、花椒、香油的比例应该掌握在 3 : 1 : 4 ～ 3 : 1 : 6。 　　3. 将香油加热淋于葱叶、花椒上香味更突出。 图 3.10

成菜特点　色泽翠绿，清香味麻，舒适爽口。

6）**复制酱油**

复制酱油是利用酱油、香料、红糖、姜、葱等原料一同熬制而成，色呈褐红色、汁稠、咸甜鲜美、醇香浓郁，常用于凉菜、小吃的调味。

材　料	工艺流程
原　料 酱油 500 克 清水 100 克 红糖 50 克 花椒 0.5 克 八角 2 粒 桂皮 2 克 小茴 1 克 三奈 2 克 香叶 2 片 姜 10 克 葱 15 克 味精 2 克	**制作方法** 　　1. 将各种香料用纱布包好，称为"香料包"。 　　2. 将酱油、红糖、清水放入锅中，再放入香料包，用小火加热熬出香味，酱油较稠时捞去香料包，装入容器中加入味精，晾凉即可使用。 图 3.11 **关键点** 　　1. 熬制时，应使用小火慢慢熬出香味，一般熬制到原有酱油量的 2/3 时即可。 　　2. 应选用红糖制作复制酱油，红糖本身有颜色，熬化之后可以增加酱油的色泽。 图 3.12

成菜特点　色泽褐红，咸甜鲜美，醇香浓郁。

7）**糖色**

糖色是利用糖类的焦糖反应制作而成的，一般选用冰糖为原料，广泛运用于炸收、卤制、红烧类等菜肴的制作。

材　料	工艺流程
原　料 冰糖 100 克 精炼油 10 克 清水 100 克	**制作方法** 　　1. 将冰糖敲碎待用。 　　2. 锅置小火上，放油，加入碎冰糖，用炒勺不停搅动，待冰糖完全溶化、冒泡且颜色变黄时加入清水搅拌均匀即成糖色。 图 3.13 **关键点** 　　1. 放入的油量不宜过多。 　　2. 炒制糖色的火力不能太大，避免将糖炒焦发苦，影响菜肴的质量。 　　3. 加入清水时，糖色容易溅起，一定要注意安全。 图 3.14

成菜特点　色泽棕红，香甜不苦。

3.4.2 凉菜味型及制作

1）红油味

（1）味型特点

色泽红亮，咸鲜微甜，香辣味浓。

（2）调味品

精盐、白糖、味精、酱油、辣椒油、香油。

（3）操作过程

①将白糖、酱油放入调味碗中搅拌溶化。

②当白糖、酱油融为一体时，加入精盐、味精调和成咸鲜微甜的味感，加入辣椒油调匀，再加入香油即成。

（4）关键点

①对于不同的原材料，酱油投放的量以及精盐和白糖投放的比例略有不同。

②调好的红油味应达到色泽红亮，咸鲜微甜，香辣味浓的效果。

（5）菜肴实例

红油耳片

在四川，红油耳片是一道尽人皆知的菜肴，特别深受饮酒人士的喜爱。红油味道既香又辣，很符合现代人的口味，耳片爽脆可口，配以红油味型，实为佐酒下饭的一道好菜。

材　料	工艺流程
主　料 猪耳 200 克 调辅料 黄瓜 50 克 精盐 3 克 酱油 5 克 白糖 5 克 味精 2 克 冷鲜汤 15 克 辣椒油 50 克 香油 5 克 熟芝麻 10 克 香菜 1 根	**原料初加工及初步熟处理** 　　将猪耳洗净后，放入汤锅里用中小火煮至刚熟，捞出后将其晾凉待用，将葱白洗净，一起备用。 **关键点** 　　掌握煮制猪耳的火候以刚熟为宜，避免煮得过软，以致在刀工处理时不易成形，影响菜肴造型。 图 3.15
	刀工成形 　　使用斜刀将晾凉的猪耳切成大片，黄瓜切成略微偏厚的片。将黄瓜片和成形不太完整的猪耳垫底，再将成形完整的耳片按照刀口顺序整齐地摆在黄瓜之上。 **关键点** 　　在耳片刀工成形时一定要采取斜刀片的方法，这样才能达到耳片成形大张，装盘造型美观的效果。

续表

材　料	工艺流程
	调味成菜 　　将精盐、白糖、味精放入碗中，加入酱油、冷鲜汤调化，加入辣椒油、香油，调匀即成红油味汁，将红油味汁均匀地浇在耳片上，最后撒上熟芝麻、香菜叶点缀。 图 3.16 **关键点** 　　调制红油味时，可根据具体情况加入适量鲜汤，以防止颜色过深，在使用酱油时也要注意其用量，根据菜肴的要求决定酱油的用量。

成菜特点　色泽红亮，咸鲜香辣，猪耳爽脆。

适用范围　可用于中低档筵席或零餐。

思考题

1.影响菜肴口感的因素有哪些?

2.影响菜肴色泽的因素有哪些?

2）蒜泥味

（1）味型特点

色泽红亮，蒜味浓郁，咸鲜香辣微带甜味。

（2）调味品

精盐、味精、白糖、酱油、辣椒油、香油、蒜泥。

（3）操作过程

①将精盐、味精、白糖放入碗内，加入酱油、辣椒油、香油调匀。

②待固体调味品融化后加入蒜泥。

（4）关键点

①蒜泥应现制现用，久放会使蒜的辛香味挥发，影响成味。

②蒜泥做好后，如果不立即使用，可以用香油调匀，从而避免蒜泥发生变色，影响菜肴色泽。

③在调味过程中，蒜泥应最后放入调味汁内，否则，蒜泥会被酱油泡黑，使色泽受到影响。

（5）菜肴实例

蒜泥白肉

蒜泥白肉是川菜中的一款传统名菜，白肉片大而薄，肥瘦相连，薄厚一致。因此，制作蒜泥白肉十分考验厨师的刀工技术。随着科学技术的发展，高质量的食品切片机应运而生。通过切片机能够切出更高质量的肉片，进一步提高了白肉的档次。但是，切片机切片需要先将肉冻僵硬，这在一定程度上影响了肉质的风味。

材　料	工艺流程
主　料 带皮猪后腿肉 250 克 **调辅料** 黄瓜 100 克 精盐 2 克 味精 2 克 白糖 4 克 酱油 10 克 辣椒油 25 克 香油 5 克 蒜泥 25 克 芝麻 10 克	**原料初加工及初步熟处理** 　　先将猪肉残毛去净，然后刮洗干净，放入锅内用中小火将猪肉煮熟，再用原汤泡大约 20 分钟。 **关键点** 　　猪肉在选料时要选择带皮的猪后腿肉。煮制过程中，要注意火候，一般采用中小火，煮到刚熟为宜。 **刀工处理** 　　将后腿肉捞出用干净手帕揾干水分，用平刀法将肉片成长 10 厘米、宽约 5 厘米、厚约 0.15 厘米的大薄片。将黄瓜洗净，平刀片为薄片，用黄瓜片将肉片卷起，均匀地装入盘中。 捣蒜泥 图 3.17 **关键点** 　　在进行刀工处理时，要做到片张完整，薄而不穿，肥瘦相连。 **调味成菜** 　　将精盐、味精、白糖、酱油放入调料碗内，再放入辣椒油、香油，然后放入蒜泥调成蒜泥味汁浇在白肉上，撒上芝麻即成。  图 3.18 **关键点** 　　蒜泥应现制现做，用料充足，才能体现出蒜泥的味道。蒜泥不应该放久了再使用，这样会影响成菜的效果。

成菜特点　色泽红亮，蒜味浓郁，咸鲜微辣略带甜味，肥瘦相连，肥而不腻。

适用范围　大众便餐，佐酒下饭均可。

思考题

1. 做蒜泥白肉的猪肉能换成五花肉或者其他肉吗？为什么？
2. 猪后腿肉如果将猪皮去掉好吗？为什么？

3）姜汁味

（1）味型特点

咸鲜带酸，姜味浓郁，清爽可口。

（2）调味品

精盐、老姜、醋、冷鲜汤、味精、香油。

（3）操作过程

①将老姜去皮洗净后用刀剁成细末，放入调料碗内。

②在碗内加入精盐、鲜汤、味精、醋、香油调匀即成。

（4）关键点

①有色调味品的用量要恰当，在成菜后呈浅茶色为宜。

②姜汁味也可以加少许辣椒油，俗称"搭红"，有提色、提味的作用，多用于中低档消费。

③在调味过程中应该突出姜的味道。

（5）菜肴实例

姜汁豇豆

姜汁豇豆的味型特点清爽可口，加上脆嫩的豇豆，使菜肴突出鲜脆爽口的风格。姜汁豇豆特别适合夏天食用，具有开胃、解腻的作用。

材　料	工艺流程
主　料 豇豆 250 克 **调辅料** 精盐 5 克 姜末 20 克 味精 2 克 酱油 2 克 醋 15 克 冷鲜汤 50 克 香油 5 克	**原料初加工及初步熟处理** 　　将豇豆清洗干净，入锅内加有少许的食用油（或食用碱）的沸水中快速焯水，捞出后放在凉开水中泡凉。  **关键点** 　　焯水时加入食用油或者食用碱是为了保持豇豆 的色泽翠绿，快速焯水起锅是为了避免豇豆煮得过软，没有脆嫩的质地。 图 3.19

续表

材　料	工艺流程
	刀工处理及调味成菜 　　将透凉的豇豆捞出，改刀成8厘米的段，整齐地摆在盘中，将姜末、酱油、味精、醋、冷鲜汤、香油装入碗内调匀成为姜汁味汁，淋在摆好的豇豆上即可。 图 3.20 **关键点** 　　在调制姜汁味的时候，一定要将姜末的味道体现出来，菜肴呈浅茶色，应该避免菜肴的颜色过深，从而影响豇豆青翠的色泽，豇豆长短一致，装盘整齐美观。有时制作姜汁味菜肴时也可以加入少量辣椒油辅助调味。

成菜特点　色泽翠绿，味咸鲜带酸，姜味浓郁，清爽宜口。
适用范围　各级筵席的冷碟均可。

思 考 题

1. 如何保持豇豆的色泽翠绿、整齐美观？
2. 焯熟的豇豆，未能及时采取冷却措施对于成菜有什么影响？

4）椒麻味

（1）味型特点

色泽翠绿，咸鲜醇厚，椒麻辛香。

（2）调味品

精盐、味精、酱油、香葱叶、干花椒、冷鲜汤、香油。

（3）操作过程

①将葱叶切细，花椒用冷水略泡，捞出与葱叶一起用刀铡为椒麻茸。

②将椒麻茸放入碗中，用冷鲜汤将其调散，放入精盐、味精、酱油、香油调匀即成椒麻味汁。

（4）关键点

①在选择有色调味品时应注意用量，以不破坏绿色为佳。

②花椒的用量以进口微麻为度，过量使用会使人感觉口舌麻木，也掩盖了其他调味品的鲜香味。

（5）菜肴实例

椒麻舌片

椒麻味是冷菜中常用的一种复合味型，选用的是汉源清溪特产"红袍花椒"以及上好的葱叶加以其他调味品一起调制而成，具有浓烈的麻香味，整个菜肴色泽碧绿，使人赏心悦目。舌片质地柔软，再配以椒麻味汁，给人以清凉舒适之感，特别适合在夏天食用。

材　料	工艺流程
主　料 猪舌 1 根 调辅料 姜 10 克 葱 15 克 精盐 8 克 料酒 5 克 椒麻糊 20 克 酱油 2 克 味精 1.5 克 香油 10 克 冷鲜汤 70 克	**原料初加工及初步熟处理** 　　将猪舌洗干净，放入沸水中焯几分钟，直至舌苔发白时捞出，放入冷水中用刀刮净舌苔，再用水洗干净后放入水中，加姜葱料酒烧开，保持汤微开，煮至熟透后捞出，晾凉待用。 **关键点** 　　猪舌在煮制时一定要将舌苔去尽，避免影响成菜效果及口感。煮前一定要先焯水，然后再进行煮制并放入姜葱料酒，去除猪舌的腥味。
	刀工成形 　　将凉透的猪舌去除舌骨，切成薄的柳叶片，装成"风车形"待用。 **关键点** 　　在对猪舌进行刀工处理的时候，应尽量保持刀路，避免将其顺序打乱。在装盘的时候能够很快地完成，并取得较为完美的造型。柳叶片在切的过程中应厚薄一致，长短划一。 图 3.21
	调味成菜 　　将椒麻糊加鲜汤调匀，再加精盐、酱油、味精、香油调成椒麻味的味汁，均匀地淋在舌片上即可。 **关键点** 　　椒麻味的味汁不易保存，稍放一段时间就会变色，一般现制现用。在调味时，酱油的用量应该适当，不能使用过多，以免影响成菜色泽翠绿的感觉，椒麻糊中花椒的用量也应该以进口微麻为度，过量使用会使人感觉口舌麻木，也掩盖了其他调味品的鲜香味。 图 3.22

　　成菜特点　色泽翠绿，肉质熟软，咸鲜带清香麻味。
　　适用范围　一般适合于大众菜肴，佐酒下饭均可。

思考题

1. 在装盘成菜时为什么要保持刀路？有什么好处？
2. 怎样才能使椒麻味更加突出？

5）怪味

（1）味型特点

色泽棕红，咸甜麻辣酸香鲜各味兼具，风味独特。

（2）调味品

精盐、味精、白糖、酱油、醋、芝麻酱、花椒粉、辣椒油、熟芝麻、香油。

（3）操作过程

①将香油放入芝麻酱内，将芝麻酱磨成糨糊状。

②在稀释好的芝麻酱内放入适量的精盐、味精、白糖，待完全融化。

③放入酱油、醋、花椒粉、辣椒油调成清浆状即成怪味汁，做菜时可再放上一些熟芝麻进行点缀，以提升档次。

（4）关键点

怪味集众味于一体，各种单一味平衡又十分和谐地在味型中体现出来，所以在调味中不能偏重于某一种调味品的使用，各种调味品在投放时应该注意其比例。

（5）菜肴实例

怪味鸡丝

怪味鸡丝又名棒棒鸡丝，是源于四川乐山一带的风味小吃，后来传入成都，并深受老百姓喜爱。所谓棒棒鸡丝是指在调味之前用木棒将鸡肉拍松，使其更容易入味，然后用手将鸡肉撕成粗丝，加各种调味品调制而成，此菜具有色泽棕红，肉质细嫩，咸甜麻辣酸香鲜兼具的特点。

材　料	工艺流程
主料 熟净鸡肉200克 **调辅料** 葱白20克 精盐1克 味精1克 白糖20克 醋15克 酱油20克 辣椒油40克 花椒粉2克	**刀工成形** 　将葱白洗净，切成8厘米长的粗丝垫底。熟鸡肉轻敲两遍使其疏松，然后用手撕成8厘米长、0.4厘米粗的丝，装入垫有葱丝的盘内摆整齐均匀。 **关键点** 　装盘要自然美观，有一定 的蓬松感。鸡肉在敲打之后也可以用刀切，但需要顺着鸡肉的纹路加工，才易成形。 图3.23

续表

材　料	工艺流程
调辅料 芝麻酱 20 克 熟芝麻 3 克 香油 10 克	**调味成菜** 　　将芝麻酱、酱油、白糖、精盐放入碗内，调散融化后加入醋、辣椒油、花椒粉、香油、味精充分调匀，淋在鸡丝上面，最后撒上熟芝麻即可。 **关键点** 　　芝麻酱可以用酱油稀释后 图 3.24 再使用，各种调味品必须齐备才能各味兼具，各种调味品的投放比例也应该掌握准确，怪味汁要浓稠才能入味。

成菜特点　色泽棕红，质地细嫩，咸甜麻辣酸香鲜各味兼具，风味独特。

适用范围　适用于大众筵席或零餐。

思考题

1.怪味的"怪"应该如何理解？

2.鸡肉应该煮到什么程度？如何鉴别？

6）咸鲜味

（1）味型特点

咸鲜清淡，醇厚香鲜，四季皆宜。

（2）调味品

精盐、味精、香油（此处常用盐水咸鲜为例）。

（3）操作过程

①将经过初加工的原料，放入调好的咸鲜味汁中蒸熟或者煮熟晾凉待用。

②将晾凉的原料经过刀工处理装盘成菜即可。

（4）关键点

①咸鲜味清淡平和，最好与其他较浓厚的味型配合使用，更加能够显现出咸鲜的特点。

②咸鲜味中的咸度可以根据季节变化来调整。

（5）菜肴实例

葱油香菇

香菇素有"植物皇后"的美誉，富含丰富的营养成分，为平常餐桌上不可或缺的原料。葱油香菇具有咸鲜清淡、葱味浓郁的特点，深受人们的喜爱。

材　料	工艺流程
主　料 鲜香菇 250 克 **调辅料** 精盐 3 克 味精 2 克 姜 10 克 葱 20 克 精炼油 30 克 冷鲜汤 10 克	**原料初加工及刀工处理** 　将香菇清洗干净，去掉香菇蒂，用刀将香菇切成稍厚的片，备用。 **关键点** 　一定要将香菇的蒂去掉，装盘出来才美观。因为在焯水时香菇失水较为严重，所以刀工处理时不能切得太薄。 图 3.25
	成熟处理 　将切好的香菇下入沸水迅速焯水断生，捞出后用凉水透凉，备用。 **关键点** 　香菇不能长时间焯水，以免影响口感，焯香菇的水可以加入适量的精炼油以保持其色泽。
	调味成菜 　锅内放入精炼油，下姜、葱慢慢炸出香味，捞出姜葱。将葱油放入碗中，待晾凉后将精盐、味精、鲜汤放入葱油内调化。加入透凉的香菇拌均匀，然后将调好味的香菇摆在盘内成"菊花形"。 图 3.26 **关键点** 　在制作葱油的时候，油温不能太高，应用低油温慢慢将姜葱的香味炸出来。在调味的时候，要加入少量鲜汤稀释固体调味料。

成菜特点　咸鲜清淡，葱香浓郁，造型美观。

适用范围　适合于筵席中的冷碟。

在制作葱油香菇时，最应该注意的问题是什么？

7）酸辣味

（1）味型特点

色泽红亮，咸酸香辣，清爽可口。

（2）调味品

精盐、味精、酱油、醋、辣椒油、白糖、香油。

（3）操作过程

①将精盐加入调料碗内，放入酱油、醋、味精、白糖充分搅拌。

②加入辣椒油、香油调匀即成酸辣味汁。

（4）关键点

①因为在单一味运用中，酸味运用应做到"酸而不酷"，所以醋的用量不应该过多。

②酸辣味应建立在咸鲜味的基础上体现，才能使整个味型更加平衡和谐。

（5）菜肴实例

酸辣荞面

荞面本是西北的食品，但由于其丰富的营养价值、良好的口感而深受全国人民喜爱。将焯好水的荞面与加有小米辣椒的酸辣味汁调和在一起，更受到了喜辣人士的推崇。

材　料	工艺流程	
主　料 干荞面100克 调辅料 黄瓜50克 精盐3克 味精2克 酱油5克 醋13克 白糖2克 香油5克 小米椒20克 小葱20克 辣椒油30克	原料初加工及初步熟处理 　　将干荞面放入沸水中煮熟，捞出后放入凉开水里透凉。将黄瓜切成丝，葱切成葱花，小米椒切碎一起备用。 关键点 　　荞面在煮制过程中，应适当地点几次凉水，避免煳锅，煮好捞出后应该立即透凉。 	 <p style="text-align:center">图 3.27</p>
	装盘调味成菜 　　黄瓜丝垫在盘底，荞面均匀地放在黄瓜丝上面。将精盐、白糖、味精、酱油、醋放在碗内调化，再加入辣椒油、香油、小米椒调匀即成酸辣味汁，将味汁淋在荞面上，撒上葱花即可食用。  关键点 　　酸辣味的味汁一定要稍微多一点，因为酸味运用应做到"酸而不酷"，所以醋的用量不应该过多，酸味必须在咸味的基础上才能体现得更加和谐。	 <p style="text-align:center">图 3.28</p>

成菜特点　色泽红亮，咸酸香辣，爽滑可口。
适用范围　大众筵席及零餐使用。

思考题

1. 荞面为什么要在煮的时候点入凉水？有什么作用？
2. 为什么说酸味要在咸味的基础上才能做到"酸而不酷"？

8）麻辣味

（1）味型特点

色泽红亮，咸鲜麻辣，味浓厚醇香。

（2）调味品

精盐、味精、白糖、花椒粉、酱油、辣椒油、香油。

（3）操作过程

①将精盐、味精、白糖放入碗内，加入酱油调至融化。

②再加入花椒粉、辣椒油、香油即成。

（4）关键点

①控制好白糖的用量，根据菜肴需要进行使用。

②因为麻辣味型突出的是香辣和麻味，所以一定要选择质量好的辣椒油和花椒粉，以保证麻辣味的醇正。

③酱油的使用要适量，不能放得太多，以免影响菜肴的成菜色泽。

（5）菜肴实例

麻辣土鸡

在四川这是一道家喻户晓的菜肴，用农家土鸡再加以麻辣味型，使菜肴麻辣浓郁，鸡块皮脆肉嫩，深受人们喜爱，在川菜馆内这是一道不可或缺的经典菜肴。

材　料	工艺流程
主　料 嫩土公鸡 250 克 **调辅料** 葱白 100 克 老姜 10 克 精盐 3 克 味精 2 克 白糖 6 克 酱油 30 克 料酒 5 克 花椒粉 7 克	**原料初加工及初步熟处理** 　　将土鸡肉洗净，先在沸水中焯水去除血污，然后放入清水中加姜葱料酒煮制，煮至刚熟，关火。将鸡肉泡在鸡汤中几分钟后捞出晾凉，待用。 **关键点** 　　在煮鸡的过程中一定 　图 3.29 要用中小火，切勿使用大火，煮至刚熟即可，不用煮得太软以免影响成形。在煮好鸡后，趁热可以在鸡皮表面抹上色拉油，这样可以保持鸡皮的光泽，提高成菜的美感。

续表

材　料	工艺流程
调辅料 辣椒油 60 克 白芝麻 5 克 香油 5 克	**刀工成形** 　　将葱白切成 2.5 厘米长的葱节垫底，将鸡肉斩成长 5 厘米、宽 2 厘米的长条整齐地放在垫有葱白的盘内即可。 **关键点** 　　斩鸡时皮要朝上，下刀要准，使鸡块大小均匀，完整划一，应该避免肉骨分离的状态。
	调味成菜 　　碗内放入盐、味精、白糖、酱油、花椒粉、辣椒油、香油调匀成麻辣味汁，将其淋在鸡块上，撒上熟白芝麻成菜。 **关键点** 　　在调味时，酱油的使用量一定要合适，避免成菜色泽过黑，也可以根据具体情况加入适量鲜汤调节菜肴的色泽。 图 3.30

成菜特点　色泽红亮，麻辣鲜香，皮脆肉嫩，回味无穷。
适用范围　一般筵席及零餐。

思 考 题

1. 怎样才能保持鸡皮的光泽？
2. 检验鸡是否成熟的方法有哪些？

9）鱼香味
（1）味型特点
色泽红亮，咸鲜酸甜微辣，姜葱蒜味浓。
（2）调味品
精盐、味精、白糖、酱油、辣椒油、醋、泡辣椒、姜、葱、蒜、香油。
（3）操作过程
①将精盐、味精、白糖放入调料碗内用酱油、醋调制融化。
②放入泡红辣椒、姜末、蒜蓉、辣椒油、香油调和均匀。
③放入葱花即成鱼香味汁。
（4）关键点
①因为泡红辣椒是酸辣味的主要来源，也是形成鱼香味的主要调味品，所以在选择泡红辣椒时一定要注意其品质。

②因为辣椒油在调味中只是辅助泡辣椒增色和增加辣味，所以用量不能压住泡辣椒的味感。

③在调味中，姜葱蒜也是构成鱼香味的主要调味品，它们之间组成的体积比例分别是：姜末＜蒜蓉＜葱花。

④在操作的过程中，应将泡辣椒籽去干净，以免影响成菜效果。

（5）菜肴实例

鱼香青圆

鱼香味作为川菜一种特有的味型，深受老百姓喜爱。"鱼香青圆"是用于凉拌的一种菜式，在夏季是餐桌上的常客。虽然冷菜与热菜在鱼香味的调味品上没有多大变化，但是冷菜中它的调料不下锅，不勾芡，因此，它的味道更加香浓。

材　料	工艺流程
主　料 鲜豌豆 250 克 **调辅料** 精盐 1 克 味精 1 克 白糖 13 克 酱油 4 克 醋 5 克 姜末 5 克 蒜蓉 6 克 葱花 10 克 泡辣椒 13 克 辣椒油 20 克 香油 6 克 色拉油 1 000 克（约耗 40 克）	**原料初加工及初步熟处理** 　鲜豌豆用刀口划破后，放入六成热的油锅中炸至酥脆，捞出豌豆壳，起锅晾凉放入盘中。  图 3.31 **关键点** 　豌豆在炸之前应该用刀划破，以避免在炸的过程中破裂溅伤自己。在炸好后应将豌豆壳捞出，以免影响成菜效果，注意掌握好火候，豌豆不能炸焦。 **调味成菜** 　将精盐、味精、白糖、酱油、醋放入碗内充分调匀，再加入泡辣椒蓉、姜末、蒜蓉、葱花、香油、辣椒油调成鱼香味汁，出菜将味汁浇在豌豆上即可。  图 3.32 **关键点** 　在调制鱼香味时，味汁应该浓稠以便更好地粘裹于原料之上。选择质量较好的泡辣椒，这样调出的鱼香味才会更加醇厚，姜葱蒜的用量应该适量才能突出鱼香味汁的香味。辣椒油不应过多，在调味中只起到辅助增色和增辣的作用。泡辣椒在剁碎之前应该将辣椒籽去干净，避免影响成菜效果。

成菜特点　色泽棕红，咸鲜微辣，姜葱蒜味浓郁。

适用范围　大众筵席的冷碟及零餐，佐酒下饭均可。

思 考 题

1. 豌豆在下油锅之前为什么要先用刀口划破？不划破会怎样？
2. 凉热菜在鱼香味的调制上有什么不同？

10）麻酱味

（1）味型特点

咸鲜醇正，芝麻酱香味浓郁。

（2）调味品

精盐、酱油、白糖、味精、芝麻酱、香油、冷鲜汤。

（3）操作过程

①先将芝麻酱用冷鲜汤调散均匀。

②加入酱油、白糖、精盐、味精、香油调匀即成麻酱味汁。

（4）关键点

①味汁的浓稠度应适当，既要粘裹于原料之上，又不能太过浓稠，否则会产生腻口之感。

②麻酱味属于清淡味型，一般适合与本味鲜、质感脆的原料一起搭配使用。

③芝麻酱应该先逐渐稀释后才能加酱油调色，再加入其他调味品调味。

④现在的麻酱味型调制中也有一些新的改进，例如在味汁中加入适量的辣椒油、醋等增加其风味，也受到人们的追崇。

（5）菜肴实例

麻酱凤尾

凤尾实际上就是莴笋的嫩尖，看似平常的原料，但在厨师的手里经过精心加工，却成了十分精美的夏日美食，这道菜肴传统的做法是熟拌，但有的厨师为了保持原料的营养价值和它的色泽就直接采用了生拌的手法，吃起来清脆爽口，开胃解暑。

材　料	工艺流程
主　料 凤尾（莴笋尖）250克 **调辅料** 芝麻酱30克 香油25克 冷鲜汤30克 酱油10克 精盐2克 白糖2克 味精1克	**原料初加工及刀工成形处理** 　　将凤尾清洗干净，去皮和老叶，修成长10厘米的长段，头部削成青果形，切成四牙瓣，整齐地装好盘。 **关键点** 　　凤尾上面的老皮一定要去净，以免影响口感，刀工处理要求自然美观整齐。在 图 3.33 这里，我们采用的是生拌的手法，应该选用绿皮且较嫩的莴笋尖，否则会有苦涩的口感。

续表

材料	工艺流程
	调味成菜 　　芝麻酱用鲜汤和酱油稀释好后放入精盐、味精、白糖、香油在碗内充分调匀，淋于凤尾上即可。 **关键点** 　　芝麻酱在加入调味品之前一定要先稀释好，否则会影响成菜的美观。如果采用的是熟拌的方法，在焯水时 可以加入适当的精炼油，在焯完后应该迅速用凉开水透凉，以保持菜肴的色泽。 图 3.34

成菜特点　色泽青翠，质地脆嫩，酱香醇正，整齐美观。
适用范围　大众筵席的冷碟及零餐。

 思 考 题

如果没有将芝麻酱调散就进行调味会对成菜有什么影响？

11）**糖醋味**
（1）味型特点
甜酸味浓，清爽可口。
（2）调味品
精盐、酱油、白糖、醋、香油。
（3）操作过程

拌制菜肴过程	炸收菜肴过程
①先将精盐、白糖用酱油充分调化。 ②再加入醋、香油调匀即成。	①糖醋味用于炸收菜肴，其调味过程是在加热过程中完成的，首先炸制要加工的原料。 ②锅内加入少量精炼油，下入炸好的原料略炒，加入鲜汤、糖色、精盐、白糖、少量醋收汁，待汁浓稠时再放入适量的醋、香油起锅装盘，撒上芝麻即成。

（4）关键点
①因为糖醋味中的酸甜味压异味的作用较小，所以糖醋味一般应和异味较小的烹饪原料一起使用。

②在酸味较重的菜肴中一般不适合使用味精。

③糖醋味中的酸味与甜味要平衡掌握，不可偏重于任何一种单一味。

（5）菜肴实例

糖醋排骨

糖醋排骨是糖醋味中深受大众喜爱的一道传统菜肴。它采用猪的子排作为原料，不仅味道鲜美，而且富含丰富的蛋白质和钙，成菜红亮油润，质地干香滋润，味道酸甜适口，颇受食客欢迎。在现在很多餐馆内厨师们改进传统的做法，使用番茄酱、红醋、糖色制作糖醋排骨，也是一个很好的创新，这样使排骨的颜色和味道更加舒服，受到了顾客的喜爱。

材　料	工艺流程
主　料 猪肉排骨 250 克 调辅料 姜 5 克 葱 10 克 花椒 1 克 精盐 3 克 白糖 70 克 糖色 8 克 醋 30 克 料酒 15 克 熟白芝麻 5 克 鲜汤 400 克 食用油 1 000 克（约耗 50 克）	**原料初加工及刀工处理** 　　将猪排骨洗净，顺肋条骨缝划成条，斩成长 5 厘米的段，入锅焯净血水，捞出放入盐、料酒、姜葱、花椒码味。 **关键点** 　　斩排骨时要长短一致，整齐划一。码味时，咸味要足，成菜后才有底味。 **初步熟处理** 　　将码好味的排骨上笼蒸至肉软离骨时取出沥干，拣去姜葱、花椒不用。 **关键点** 　　一定要将排骨蒸得肉软离骨，也可以采用煮的方法，但是也要达到离骨的状态。  图 3.35 **炸制收汁成菜** 　　将炒锅放在旺火上，下油烧至六成热时放入排骨，炸至色泽微黄时捞出。锅内放少许油，下姜葱炒香，加入鲜汤，放入精盐、白糖、料酒、糖色、少量醋。再放入排骨，用中小火收汁入味，待汤汁将干时再加醋略  图 3.36 收。最后放入香油炒匀，晾凉装盘，撒上熟白芝麻即可。 **关键点** 　　如果排骨的肉较少，可以适当缩短炸制的时间，否则成菜后会显得过干，影响口感。收汁最好的状态是汁液均匀地粘裹在排骨表面，糖醋味必须在咸味的基础上体现出来。在收汁的过程中一定要采用中小火，因为糖很容易焦化，特别是在要起锅之前应该采用小火，避免糖醋汁炒焦影响排骨的味道。

成菜特点 色泽红亮，干香滋润，甜酸醇厚。

适用范围 各类筵席及大众便餐。

思考题

1. 制作中，为什么要将醋分两次放入？各有什么作用？

2. 为什么制作糖醋排骨时不加入味精？

12）芥末味

（1）味型特点

色泽淡雅，酸香咸鲜，芥末冲辣爽口。

（2）调味品

精盐、味精、芥末糊、醋、酱油、香油、冷鲜汤。

（3）操作过程

①将精盐、味精、酱油、醋调匀。

②加入芥末糊、香油即成。

（4）关键点

①在芥末味的调制中，芥末的冲味相当重要，所以芥末糊的制作相当重要。

②芥末在制好后一定要立即使用，否则会失去大部分味道。

③芥末味一般适合本味鲜、异味小、质地脆嫩的原料。

> **补充**
> 调制芥末糊：是将芥末粉（由芥菜籽磨成的粉）放入碗内，掺入温开水调成糨糊状，然后蒙上皮纸上笼，中火蒸约5分钟，取出后密闭于容器中，待有冲味时即可使用。

（5）菜肴实例

芥末"老虎菜"

"老虎菜"实际上就是将各种蔬菜搭配在一起，再加入相应的调味品制作成的冷碟，特别适合夏季食用。由于这道菜具有低脂肪、低蛋白的特点，因此深受减肥爱美人士的喜爱。

材　料	工艺流程
主　料 青红椒各1个 紫甘蓝30克 洋葱30克 香菜30克 生菜30克	原料初加工及刀工成形处理 　　将各类蔬菜清洗干净，将青红椒切成丝，洋葱按纹路切成小条，香菜切成节，紫甘蓝和生菜切成稍微粗一点的丝。 图3.37

续表

材　料	工艺流程
调辅料 芥末糊 20 克 精盐 3 克 味精 2 克 醋 3 克 酱油 3 克 香油 10 克	**关键点** 　　在选料时，可以多选用几种蔬菜，这样做出来的菜颜色较为好看。刀工处理时要精细一些，各种原料基本保持一致的形状。
	调味成菜 　　将芥末糊放入碗内，加入精盐、味精、醋、酱油、冷鲜汤、香油调匀，浇在菜上即可。 **关键点** 　　在调味时，酱油的使用应该适量，避免影响成菜的色泽。芥末糊的用量要控制好，如果芥末糊不够，成菜就达不到"冲"的味感。 图 3.38

成菜特点　色泽艳丽，爽脆可口，咸酸带冲。

适用范围　大众筵席及零餐。

 思 考 题

芥末味一般适合哪些原材料使用？

13）陈皮味

（1）味型特点

色泽棕红，麻辣鲜香，陈皮味浓，略带回甜。

（2）调味品

精盐、味精、白糖、姜、料酒、葱、干花椒、干陈皮、干辣椒、醪糟汁、糖色、鲜汤、香油、精炼油。

（3）操作过程

①陈皮味多用于炸收菜肴中，其调味过程也在加热中完成，首先是将要加工的原料炸制。

②在锅内加入精炼油炒香花椒、辣椒、姜、葱，加入鲜汤，再放入陈皮、精盐、白糖、醪糟汁，糖色与原料用小火慢慢收汁入味。

③待汁将干时，放入味精、香油炒匀即可起锅。

（4）关键点

①陈皮味虽然加入了干花椒和干辣椒，但是它们的用量不能掩盖陈皮的芳香为度。

②在选择陈皮时，一般选用干制品，如果使用鲜陈皮一定要注意其用量，否则成

菜有苦涩味。

③陈皮味是较浓厚的味型，可以与多种动物性原料配合使用。

④因为陈皮味的味型特点与炸收类麻辣味的味型特点近似，所以在进行菜肴搭配时应尽量避免配合使用。

⑤在烹调过程可以加入适量的陈皮水增加其风味。

（5）菜肴实例

陈皮兔丁

陈皮兔丁是冷吃兔的别名，是四川自贡地区的民间传统美食。陈皮是橘子的果皮，橘子皮具有理气健脾、降温化痰、止咳生津的功效，兔肉有"荤中之素"的说法，具有高蛋白、低脂肪的特点，为当代十分推崇的肉类。陈皮与兔肉一起合烹，成菜之后别具一番特色。

材　料	工艺流程
主　料 鲜兔 300 克 **调辅料** 精盐 3 克 味精 2 克 白糖 20 克 糖色 13 克 姜 20 克 葱 30 克 料酒 25 克 干辣椒 10 克 干花椒 3 克 干陈皮 10 克 醪糟汁 25 克 冷鲜汤 250 克 香油 5 克 精炼油 1 000 克（约耗 100 克）	**原料初加工** 　　将兔肉洗净，斩成 2 厘米见方的丁，用盐、姜、葱、料酒码味，陈皮用温水泡回软，撕成小片，辣椒切成节待用。  图 3.39 **关键点** 　　兔子斩丁要大小均匀，码味要咸度适当，陈皮的用量要严格控制。如果使用过多，成菜会有苦涩味。 **炸制成熟** 　　锅内放油用旺火烧至六成热时，将兔丁内的姜葱挑出，下兔丁炸干水后捞出，待油温再回到六成时，将兔丁炸至外酥内嫩成金黄色捞出。 **关键点** 　　在炸制的时候，不要将兔丁炸得过干而影响口感，在炸的时候一般炸两次，第一次炸去水分，第二次进行上色。 **收汁成菜** 　　锅内放适量精炼油，下干辣椒炒至棕红色，加花椒、姜片、葱段、兔丁、陈皮略炒片刻，加入鲜汤、醪糟汁、糖色、白糖、精盐用小火收汁入味，待汁将干时加入味精、香油炒匀起锅，晾凉后挑出姜葱，装盘成菜。  图 3.40 **关键点** 　　干辣椒、干花椒、陈皮不能炒焦，否则风味全失。收汁时，一定要用小火，才能使兔丁达到酥软化渣的效果。为了达到色泽，在收汁过程中也可以加入少量辣椒油。

成菜特点　色泽棕红，干香滋润，入口化渣，陈皮芳香，略带甜味。

适用范围　大众便餐、佐酒下饭均可。

思 考 题

1. 在使用干陈皮之前为什么要将其泡回软？

2. 陈皮味一般适合于什么原料使用？

14）五香味

（1）味型特点

色泽黄亮，咸鲜浓香，略带甜味。

（2）调味品

精盐、味精、白糖、姜、料酒、葱、五香料、糖色、鲜汤、香油、精炼油。

（3）操作过程

①锅内放入精盐、五香料、白糖、糖色、料酒、鲜汤，在中小火上熬出五香味。

②将初加工好的原料放入配好的味汁中，收浓汤汁使原料入味，放入味精、香油调匀，起锅晾凉成菜。

（4）关键点

①五香味常用于凉菜中，多出现在以动物肉类、禽类、豆类及豆制品为原料的炸收菜肴中。

②五香料由多种香料组合而成，要配合使用各种香味，以使各种香味平衡。

> **补充**
> 五香料：常用的有八角、小茴香、桂皮、草果、山奈、香叶、砂仁、豆蔻等。

（5）菜肴实例

五香豆筋

五香豆筋是川菜中的传统冷碟，豆制品富含丰富的蛋白质，营养价值极高，通过炸收并赋予五香味使豆筋香味浓郁，滋润甘香，回味悠长。

材　料	工艺流程
主　料 干豆筋 100 克 **调辅料** 五香粉 1 克 葱 25 克 姜 10 克 精盐 6 克 味精 1 克 白糖 5 克	**原料初加工** 　　将干豆筋用温水泡透，切成 8 厘米的段，姜切片，葱去黄叶切段。 **关键点** 　　干豆筋在使用前一定要先将其泡透，避免影响成菜的口感。 图 3.41

续表

材　料	工艺流程
调辅料 糖色 10 克 鲜汤 300 克 香油 5 克 精炼油 1 000 克（约耗 50 克）	**炸制** 　　锅内烧油至六成热时，下豆筋炸至金黄起皮时捞出。 **关键点** 　　炸制豆筋时，油温不能过高，否则下入豆筋不会炸透，表皮却会炸煳。
	收汁成菜 　　锅内加入适量的精炼油，放入姜葱炒出香味，加入鲜汤、糖色、白糖、五香粉、豆筋用中小火慢烧，待收干水分时放入味精、香油，水干亮油时起锅晾凉装盘成菜。 图 3.42
	关键点 　　由于豆筋充分泡软之后含水量较大，因此在收汁时要达到汁干亮油的状态，在收汁时应采用小火，让五香料的味道充分被豆筋吸收。

成菜特点　色泽棕红，香味浓郁，滋润甘香。
适用范围　大众便餐、佐酒下饭均可。

思考题

此菜为何不用酱油？可否用酱油？

15）烟香味
（1）味型特点
　色泽光润，烟香味浓。
（2）调味品
精盐、白糖、姜、料酒、葱、花椒、胡椒、烟熏料。
（3）操作过程
①将初加工好的原料进行码味处理。
②将码好味的原料用烟熏料进行熏制，熏好后进行成熟处理即可。
（4）关键点
①在进行熏制的时候一定要注意观察，必要时，需进行翻动，做到上色均匀。
②在熏制前，一定要先将原料进行初步处理，例如码味等。

（5）菜肴实例

樟茶鸭子

"樟茶鸭子"是川菜中极负盛名的一道传统菜肴。在制作"樟茶鸭子"时，一般经过腌、熏、蒸、炸四道工序，每道工序都有极严格的要求，制作难度也较大，上菜时再配以荷叶软饼和葱酱碟子，一起同食，风味悠长，回味无穷。

材　料	工艺流程
主料 肥公鸭 1 只（约 1500 克） **调辅料** 精盐 20 克 料酒 20 克 姜 50 克 葱 100 克 香油 10 克 花椒 5 克 胡椒粉 2 克 醪糟汁 50 克 精炼油 1 000 克（约耗 50 克） 花茶 50 克 樟树叶 200 克 柏树枝 500 克	**原料初加工** 　　鸭子宰杀后去净毛，将鸭子从尾部横开 8 厘米的口，取出内脏，割去肛门洗净。盆内放入料酒、醪糟汁、胡椒粉、姜片、葱段、精盐、花椒拌匀，在鸭的 图 3.43 内外涂抹均匀，腌渍约 15 小时捞出，再放入沸水锅内焯水，紧皮后揩干水汽，放入熏炉内用花茶、樟树叶、柏树枝拌匀做熏料，熏制鸭皮呈黄色时取出，放入蒸箱中用旺火蒸约 1 个小时，出笼晾凉备用。 **关键点** 　　在码味时，调料的用量必须掌握准确，鸭子的腌制时间要长，以便在成菜时使鸭子入味。在熏制的过程中，要观察鸭子的颜色，必要时可以进行翻动，做到上色均匀。在蒸制时火候要到位，做到熟软而形整不烂。 **炸制成菜** 　　锅内放入精炼油烧至七八成热，将鸭放入炸至鸭皮酥香后起锅，刷上香油。将鸭颈斩成 2 厘米长的段，放入盘中。再将鸭身斩成长 4 厘米、宽 2 厘米的条。鸭皮朝上盖在鸭颈 图 3.44 上，摆成鸭形，另配荷叶软饼和葱酱碟一同上桌即成。 **关键点** 　　炸制时，要控制好油温，把握鸭子的色泽，根据熏制的颜色来把控炸制时的火候。

成菜特点　色泽棕红，皮酥肉嫩，回味悠长。

适用范围　中高档筵席及零餐使用。

思考题

1. 在蒸制过程中，如何判断鸭子成熟？

2. 在鸭子炸好后刷上香油是为什么？

3.4.3 热菜味型及制作

1）咸鲜味

咸鲜味是川菜中运用最为广泛的味型之一。根据成菜风格的不同，可以分为白油咸鲜和本味咸鲜。

（1）白油咸鲜味

①味型特点：咸鲜可口，清香宜人。

②调味品：精盐、胡椒粉、鲜汤、料酒、姜、葱、味精、蒜、精炼油、水淀粉。

③操作过程。

a. 在烹调时，先用精盐、料酒、姜、葱水淀粉码芡，使主料具备基础的咸鲜味。

b. 将精盐、味精、胡椒粉、鲜汤、水淀粉兑成味汁。

c. 在烹制过程中，下油放入原料，炒散籽断生烹入味汁，收汁亮油起锅成菜。

④关键点：白油鲜味根据不同的菜肴可以再加入泡辣椒、酱油等其他调味品，但是在总体上不能改变自己的咸鲜本味。

（2）本味咸鲜味

①味型特点：咸鲜清淡，突出本味。

②调味品：精盐、味精、胡椒粉。

③操作过程：在制作菜肴的过程中，将精盐、味精、胡椒粉充分调匀加入菜肴中即可，应突出原料本身的鲜味。

④关键点：此味型适合于本味清淡的原料，避免与异味较大的原材料配合使用。

（3）菜肴实例

白油肝片

"白油肝片"为四川传统大众菜肴之一。成菜具有质地细嫩、咸鲜适口的特点，深受老百姓的喜爱。猪肝含水量较多，在烹调中受热时水分极易丢失变老，在炒制时需要旺火快速成菜，以保持滑嫩的口感。

材　料	工艺流程
主　料 鲜猪肝 150 克 **调辅料** 水发木耳 30 克 菜心 20 克 精盐 3 克 味精 2 克 姜片 5 克 泡辣椒 5 克 蒜片 5 克 马耳朵葱 10 克	**原料初加工** 　将原料洗净，猪肝去筋切成 0.2 厘米厚的柳叶片，放入碗内加精盐、料酒、水豆粉拌匀。泡辣椒去籽，切成马耳朵形。 **关键点** 　肝片含水量较多，上浆时宜干，甚至可以加入干细淀粉，码味上浆的猪肝应该及时烹制，否则会出现吐水的现象，影响菜肴质量。在码味时，要让猪肝有一定的底味。切肝片的刀刃要锋利，下刀宜轻，直刀推切。 图 3.45

续表

材　料	工艺流程
调辅料 酱油 5 克 料酒 10 克 胡椒粉 1 克 水淀粉 25 克 鲜汤 25 克 精炼油 100 克	**滋汁调制** 　　用精盐、味精、酱油、料酒、胡椒粉、鲜汤、水淀粉调制成咸鲜味的味汁。 **关键点** 　　因为猪肝含水量较多，所以在调制味汁时鲜汤不宜加得过多。
	炒制成菜 　　炒锅置旺火上，放油烧至六成热时，倒入肝片，速炒散籽。加入木耳、泡辣椒、姜、蒜、菜心、葱炒匀，淋入滋汁，炒均匀，起锅装盘即成。 图 3.46 **关键点** 　　旺火速炒成菜肴，以断生刚熟为佳。

成菜特点　色泽棕黄，肝片细嫩，咸鲜适口。

适用范围　大众筵席及零餐。

思考题

怎样烹制才能使肝片散籽亮油、质地细嫩？

2）家常味

（1）味型特点

咸鲜微辣，味浓厚醇香。

（2）调味品

精盐、味精、酱油、料酒、姜、葱、蒜或蒜苗、郫县豆瓣或泡红辣椒。

（3）操作过程

①炒菜类：将混合油或菜油烧至 160 ℃，放入主料炒散，加入少量的精盐，炒干水汽至亮油。加入郫县豆瓣，炒香上色，放入蒜苗炒香出味，加入少量的酱油、味精起锅即成。

②烧菜类：锅中下油烧至 100 ℃，下入郫县豆瓣、姜、蒜炒香上色，掺鲜汤，下入处理过的主料烧制。加精盐、酱油、料酒烧至原料熟软入味，加入味精、勾芡起锅即成。

（4）关键点

①此味要突出味浓厚、醇正、咸鲜香辣。

②跟豆瓣味配合有抵消作用，一般菜肴设计时不与豆瓣味一起搭配。

（5）菜肴实例

家常豆腐

家常味是四川民间家庭常用之味。此味以咸味为基础，豆瓣定香辣、增色，是川菜独特的复合味之一。家常豆腐是四川传统的大众菜肴，因其豆腐软嫩、咸鲜味辣深受人们喜欢。

材　料	工艺流程
主　料 豆腐 250 克 **调辅料** 猪后腿肉 100 克 蒜苗 50 克 精盐 3 克 味精 3 克 白糖 3 克 酱油 5 克 水淀粉 30 克 鲜汤 150 克 郫县豆瓣 40 克 精炼油 1000 克（约耗 100 克）	**原料初加工** 　　将豆腐改刀成长约 4 厘米、宽约 2.5 厘米、厚约 0.5 厘米的片，猪后腿肉切成薄片，蒜苗切成马耳朵形，郫县豆瓣剁细。 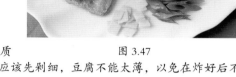 图 3.47 **关键点** 　　为了不影响成菜质量，郫县豆瓣在使用前应该先剁细，豆腐不能太薄，以免在炸好后不能成形。 **炸制处理** 　　炒锅置旺火上，加油烧至七成热时，放入豆腐炸至表面呈金黄色捞出。 **关键点** 　　把握好炸豆腐的火候。 **炒制成菜** 　　锅内放少量油烧至四成热时，放入肉片炒香至吐油。加入郫县豆瓣炒香至油呈红色时加鲜汤、精盐、酱油、豆腐用中火烧至豆腐回软入味。加入蒜苗、味精拌匀，再用水淀粉勾二流芡，收汁起锅装盘成菜。  图 4.48 **关键点** 　　肉片要炒香吐油，豆瓣炒香至油呈红色，豆腐必须烧至回软入味，勾芡恰当，带汁亮油。

成菜特点　色泽红亮，豆腐鲜香软嫩，咸鲜味浓厚带辣。

适用范围　大众便餐、佐酒下饭均可。

思 考 题

1. 为什么豆腐需高温一次性炸制？
2. 芡汁有哪些种类？

3）糖醋味

（1）味型特点

甜酸味浓，鲜香可口。

（2）调味品

精盐、酱油、白糖、醋、葱、姜、蒜、料酒、味精、鲜汤。

（3）操作过程

①烹调时，一般先将原料码味挂糊，放入油锅内炸至外酥内嫩色金黄，起锅装盘。

②锅内放入适量的油，加入姜米、葱花、蒜末炒出香味，掺入鲜汤。加精盐、酱油、料酒、白糖、味精、烧开后勾入二流芡，加醋起锅。将调好的味汁淋在原料上即成。

（4）关键点

①在味汁的调制中，精盐、白糖、醋的用量应把握准确。糖醋味必须在咸味的基础上才能体现得更加醇厚，糖醋味汁以入口先甜后酸，回味有一定的咸味为佳。

②糖醋味菜肴应避免和荔枝味菜肴一起食用。

③蒜的使用量可以多于姜的使用量，以突出其香味。

（5）菜肴实例

糖醋里脊

"糖醋里脊"是运用炸制后熘汁的方法烹制成菜，外酥内嫩、酸甜可口深受广大食客的认可。有的厨师在传统的糖醋味汁上又加入了番茄酱，使成菜之后颜色更加美观，糖醋的味感也更加醇厚。

材　料	工艺流程
主　料 猪里脊肉 250 克 **调辅料** 鸡蛋 2 个 干细淀粉 50 克 精盐 3 克 料酒 5 克 酱油 3 克 醋 30 克	**原料初加工** 　　将新鲜里脊肉切成 1 厘米厚的片，锲一遍，斩成长 4 厘米、宽 1 厘米的条，装入碗内，用精盐、料酒码味。鸡蛋与干细淀粉调成全蛋糊。酱油、精盐、醋、白糖、味精、水淀粉与鲜汤调成糖醋芡汁。 图 3.49

续表

材　料	工艺流程
调辅料 白糖 40 克 姜末 5 克 蒜末 10 克 葱花 20 克 味精 5 克 香油 5 克 水淀粉 20 克 鲜汤 200 克 精炼油 1 000 克（约耗 100 克）	**关键点** 　　肉条的刀工处理要均匀。
	炸制处理 　　炒锅置旺火上，放油烧至五成热时，将肉条与全蛋糊拌匀放入油锅内炸至成熟捞出，待油温回升至七成，放入肉条炸至表面酥香并呈棕红色时捞出，滗去油装入盘内。
	关键点 　　肉条挂糊的时候要均匀，分散下锅炸制，避免下锅后起团的现象发生。
	熘汁成菜 　　将锅洗干净，放油烧至四成热时，放姜、蒜、葱略炒几下。倒入调味芡汁，待汁收稠起小泡时，放入芝麻油起锅，浇裹在肉条上即成。 图 3.50
	关键点 　　味汁中的蒜米使用量可以多于姜米的使用量，这样做出来的菜肴能够更加突出香味，芡汁的干稀度以二流芡为宜。

成菜特点　色泽棕红，外酥内嫩，酸甜可口。

适用范围　大众筵席及零餐。

思考题

1. 切条时，肉上锲一遍有什么作用？
2. 里脊肉在挂糊上浆的环节上应注意哪些问题？
3. 怎样保证菜肴的口感？

4）荔枝味

（1）味型特点

甜酸鲜香，回味微咸呈荔枝味感。

（2）调味品

精盐、味精、白糖、酱油、醋、姜、葱、蒜、泡红辣椒、料酒、水淀粉、鲜汤。

（3）操作过程

①烹调时，主料码芡，将精盐、味精、白糖、醋、鲜汤、料酒、水淀粉兑成荔枝

味滋汁。

②锅内放油码好芡的主料炒散，放辅料炒断生，烹入荔枝味滋汁，收汁亮油起锅成菜。

（4）关键点

①荔枝味根据糖、醋的用量不同可分为大荔枝味和小荔枝味，大荔枝味适合汁较多的菜肴（如锅巴肉片），小荔枝味适合汁较少的菜肴（如荔枝鱿鱼卷）。

②调制荔枝味的时候要与糖醋味区分开来，糖醋味进口体现甜酸，而咸味微弱，只在回味时表现出来，咸味仅是糖醋味的基本味，荔枝味进口体现甜酸味和咸味并重，在食用时甜酸味和咸味两者要同时表现出来。

（5）菜肴实例

锅巴肉片

"锅巴肉片"中使用的锅巴是煮饭时所形成的副产品，现在有专门制作好的锅巴，在做此菜时更加方便快捷。"锅巴肉片"除了具有色、香、味、形之外，还有其他菜肴不具备的特点，那就是"声"，满足了客人视觉、味觉、听觉的多重享受，得到了众多食客的认可。此菜别名还有："平地一声雷""堂响肉片"。

材　料	工艺流程
主　料 锅巴 100 克 猪肉 75 克 **调辅料** 水发香菌 15 克 鲜菜心 25 克 玉兰片 20 克 泡辣椒 3 克 精盐 3 克 味精 1 克 酱油 10 克 白糖 20 克 姜片 3 克 蒜片 3 克 葱 8 克 醋 20 克 水淀粉 30 克 鲜汤 200 克 精炼油 1 500 克（耗 150 克）	**原料初加工** 　　将鲜菜心择洗干净。泡辣椒、葱分别切成马耳朵形。玉兰片、水发香菌切成薄片。猪肉切成片，将肉片与精盐、料酒、水淀粉拌匀。锅巴用手掰成约 5 厘米大的块。  图 3.51 **关键点** 锅巴应选用体干、无霉点、厚薄均匀、颜色微黄的为佳。 **滋汁调制** 　　将精盐、白糖、酱油、味精、醋、水淀粉、鲜汤调制成大荔枝味芡汁。 **关键点** 调味芡汁中的咸味比糖醋味要重，芡汁的颜色以棕黄为佳。 **烹制菜肴** 　　炒锅置旺火上放油烧至六成热时，放入肉片炒散籽。放入姜片、蒜片、泡辣椒、葱、玉兰片、香菌、鲜菜心炒熟，再倒入调味芡汁推搅均匀，待汤汁变稠起锅装入大汤碗内。 **关键点** 汤汁的用量应该多一点，色泽以棕黄为佳。

续表

材　料	工艺流程
	炸制锅巴

炸制锅巴

炒锅内放油烧至七成热时，放入锅巴炸至色黄酥脆时捞出装入大圆盘内，同先烹制好的肉片味汁一起上桌。再将肉片味汁倒入锅巴盘内成菜。

图3.52

关键点

炸锅巴的油温一定要掌握好，过高或过低都会影响锅巴的颜色和酥脆的质感，炸好的锅巴不宜久放。如一口锅进行烹调时应先烹制肉片再炸锅巴，避免锅巴温度降低，上桌后达不到理想的效果。

成菜特点　肉片鲜嫩，锅巴酥脆，响声悦耳，甜酸味浓，香气扑鼻。

适用范围　大众筵席及一般零餐。

思考题

怎样才能把锅巴炸得更加松泡？

5）糊辣味

（1）味型特点

咸鲜醇厚，麻辣而不燥，荔枝味突出。

（2）调味品

精盐、味精、白糖、酱油、醋、料酒、干辣椒、花椒、姜蒜片、葱丁。

（3）操作过程

①先用适量的精盐、料酒，用于原料码味。

②盐、味精、白糖、醋、酱油、料酒兑成荔枝味汁备用。

③锅内放油烧热，加入花椒、辣椒炒出麻辣味。加入原料炒散籽，再加入姜葱蒜增香，最后投入兑好的荔枝味汁，收汁亮油，起锅成菜。

（4）关键点

①调制此味时，一定要体现出糊辣味的风味特点，辣而不燥，浓厚清淡兼之，互不冲突，互不压抑。

②干辣椒、干花椒提麻辣味时，注意控制油温，防止焦煳。

③在设计菜肴时，此味型不宜与荔枝味菜肴一起食用。

（5）菜肴实例

宫保鸡丁

"宫保鸡丁"是四川的传统名菜，传说是由清末时太子少保丁宝桢的家厨所创。由鸡丁、花生、干辣椒等炒制而成，入口香辣，鸡肉滑嫩，咸鲜酸甜而深受大众欢迎。

材　料	工艺流程
主　料 净鸡肉 250 克 **调辅料** 酥花生 50 克 干辣椒 20 克 花椒 5 克 姜 10 克 葱 20 克 蒜 10 克 精盐 3 克 料酒 5 克 酱油 20 克 醋 10 克 白糖 12 克 味精 3 克 鲜汤 30 克 水淀粉 30 克 精炼油 70 克	**原料初加工** 　　鸡肉斩成丁，干辣椒切节。姜、蒜切薄片，葱切丁，酥花生去皮。将鸡丁、精盐、酱油、料酒、水淀粉拌匀。 **关键点** 　　鸡丁斩大小均匀，酥花生去皮，酱油的用量要把控准确。 图 3.53
	滋汁调制 　　将精盐、料酒、酱油、醋、白糖、味精、鲜汤、水淀粉调成荔枝味芡汁。 **关键点** 　　各种调味品使用适量，了解糖醋味与荔枝味的区别。
	炒制成菜 　　炒锅置火上，放油烧至四成热时，放入干辣椒、花椒炒香后，放鸡丁炒至断生，加姜片、蒜片、葱丁炒香，倒入调味芡汁，待收汁亮油，放入酥花仁颠簸均匀，装盘成菜。 图 3.54 **关键点** 　　干辣椒、花椒不能炒焦，以免发苦，影响菜肴质量，鸡丁炒断生即可加入配料，以保持其滑嫩程度。

成菜特点　色泽棕红，麻辣香鲜，甜酸可口，鸡肉滑嫩。

适用范围　中低档筵席、大众便餐、佐酒下饭均可。

思考题

1."宫保鸡丁"的味型还适合哪些烹饪原料使用？

2.如何保持鸡肉的滑嫩？在操作过程中，有哪些具体方法？

6）鱼香味

（1）味型特点

色泽红亮，咸鲜酸甜微辣，姜葱蒜味浓郁。

（2）调味品

精盐、味精、白糖、酱油、醋、料酒、泡辣椒、姜、葱、蒜、水淀粉、鲜汤。

（3）操作过程

①将初加工的原料进行码味（精盐、料酒、酱油）。

②将精盐、味精、白糖、醋、酱油、料酒、水淀粉、鲜汤调成味汁。

③将码好味的原料炒至断生，加入泡辣椒，姜葱蒜炒香，烹入鱼香味汁，待收汁亮油后起锅装盘成菜。

（4）关键点

①准确控制泡辣椒的炒制程度。

②调制鱼香味时，掌握各种调味料的用量和加入时机。

③准确掌握上浆的干稀厚薄及芡汁中淀粉与鲜汤的比例。

④可适量加入豆瓣辅助上色。

（5）菜肴实例

鱼香肉丝

"鱼香肉丝"是传统的四川大众菜肴，在川菜餐馆内是必不可少的菜肴。鱼香味是特有的川菜味型之一，因其成菜色泽红亮，咸鲜酸甜微辣，肉质细嫩，备受世人的喜爱。

材　料	工艺流程
主　料 猪瘦肉（肥三瘦七）200克 **调辅料** 青笋50克 水发木耳25克 精盐3克 味精2克 白糖10克 醋13克 水淀粉30克 泡红辣椒30克 酱油8克 料酒10克 姜米10克 蒜米20克	**原料初加工** 　　将猪肉、青笋分别切成长10厘米、粗0.3厘米的丝，将水发木耳切成粗丝。肉丝加精盐、料酒、酱油、水淀粉调匀。 **关键点** 　　肉丝刀工均匀，码芡适量，以保证成菜肉质细嫩。 图3.55 **滋汁调制** 　　将精盐、料酒、酱油、醋、白糖、味精、鲜汤、水淀粉调成鱼香味芡汁。 **关键点** 　　水豆粉的投放量准确，成菜达到收汁亮油的状态。

续表

材　料	工艺流程
调辅料 葱花 30 克 鲜汤 30 克 精炼油 70 克	**炒制成菜** 　炒锅置火上，放油烧至六成热时，放肉丝，快速翻炒至肉丝断生。加泡辣椒末，炒至油红发亮，加姜米、蒜米、葱花炒香，放青笋丝、木耳丝炒至断生，倒入调味芡汁，待收汁亮油时起锅装盘成菜。 图 3.56 **关键点** 　泡辣椒一定要炒出香味和颜色，肉丝断生即可放入配料，以保持肉质细嫩。

成菜特点　色泽红亮，肉质细嫩，咸鲜酸辣微甜，姜葱蒜味浓郁。
适用范围　中低档筵席及零餐使用。

思考题

如果没有泡辣椒，可用什么原料代替？

7）麻辣味
（1）味型特点
麻辣味厚，咸鲜醇香。
（2）调味品
精盐、味精、酱油、辣椒粉、花椒粉、郫县豆瓣、豆豉、蒜苗、水淀粉。
（3）操作过程
①豆豉剁细，辣椒粉、豆瓣炒香上色。
②加入鲜汤，放入原料烧沸入味，放入酱油、味精、精盐、蒜苗提色增味。
③烹入芡汁，收汁浓味，撒上花椒粉即可。
（4）关键点
①在选择调味品时，一定要选用上品，才能体现各种味感。

②水煮系列和麻辣系列也是麻辣味型的不同类型，调味品也有所不同，要根据不同的菜肴选择不同的调味品。

③调制的麻辣味要做到咸、香、麻、辣、烫、鲜兼具。

（5）菜肴实例

麻婆豆腐

相传清代同治年间，四川成都北门外万福桥边有一家小饭店，店家女主人善于烹调菜肴，尤其是用石膏豆腐、牛肉末、辣椒、花椒、豆瓣酱等烧制的豆腐，麻辣鲜香味美可口，十分受当地人的欢迎。当时，此菜没有正式的名字，人们看陈氏的脸上略有麻点，便将此菜取名"麻婆豆腐"，一直流传至今，现在此菜成了家喻户晓、享誉内外的传统名菜。

材 料	工艺流程
主 料 豆腐 200 克 **调辅料** 牛肉 50 克 蒜苗 50 克 郫县豆瓣 20 克 辣椒粉 10 克 豆豉 5 克 花椒粉 1.5 克 精盐 3 克 味精 1 克 酱油 10 克 水淀粉 20 克 鲜汤 150 克 精炼油 150 克	**原料初加工** 　将豆腐切成 2 厘米见方的丁，放入淡盐水锅中焯水。将郫县豆瓣剁细，豆豉加工成蓉，蒜苗切成"马耳朵"形，牛肉剁成细末，炒制酥香。  图 3.57 **关键点** 　豆腐必须在加淡盐水的沸水中焯水，以保持豆腐的质地细嫩。 **炸制成菜** 　锅中烧油至三成热时，加郫县豆瓣炒出香味后加入辣椒粉、豆豉蓉炒香至油呈红色时，加鲜汤，放精盐、酱油、豆腐烧透入味。先用水淀粉勾芡一次，  图 3.58 再放入牛肉粒、味精、蒜苗略烧，然后用水淀粉二次勾芡，推匀收汁亮油起锅盛入碗内，撒上花椒粉即成菜。 **关键点** 　郫县豆瓣、辣椒粉需要用低油温炒香至油呈红色，但应注意加热时间，不能炒焦。豆腐成菜是带汁亮油，需勾二流芡。分次勾芡是为了成菜后味汁能够充分地粘裹在豆腐表面，麻辣味在咸鲜味的基础上才会表现出更加浓厚的香味。

成菜特点　色泽红亮，牛肉酥香，豆腐鲜嫩，形态完整，麻辣鲜香。
适用范围　大众便餐及风味筵席。

思考题

为什么勾芡要分次进行？

8）酸辣味

（1）味型特点

醇酸微辣，鲜美可口。

（2）调味品

精盐、味精、酱油、醋、胡椒粉、料酒、姜米、葱花、香油、化猪油。

（3）操作过程

①炒锅中放入化猪油，低油温炒香姜米葱花，突出香味。

②加入鲜汤，放入原料、精盐、胡椒粉、料酒、酱油，烧沸后勾芡。

③加入味精、醋、葱花味正后起锅盛如碗内，淋上香油即可。

（4）关键点

①此味型具有刺激作用，可解腻醒酒。

②酸辣味要掌握好精盐、醋、胡椒粉的用量，在咸味的基础上体现出咸酸鲜辣，清香醇正。

③醋可以不下锅，起锅后加入汤碗内即可。

（5）菜肴实例

酸辣蹄筋汤

"酸辣蹄筋汤"是四川人在夏秋季节喜爱的一道菜肴，酸辣味具有解腻、醒酒、调剂口味的作用，正好可以缓解夏季食欲不好的问题。

材　料	工艺流程	
主　料 油发猪蹄筋 100 克 调辅料 水发玉兰片 20 克 熟火腿 40 克 蘑菇 20 克 葱花 10 克 胡椒粉 4 克	原料初加工 　蹄筋去油脂，切成"指甲片"，熟火腿、蘑菇、玉兰片切成"指甲片"。 关键点 　蹄筋必须将油脂去干净，所有原料的成形应基本一致。	图 3.59

续表

材　料	工艺流程
调辅料 精盐 2 克 醋 20 克 酱油 3 克 姜米 10 克 味精 1 克 香油 3 克 水淀粉 25 克 鲜汤 500 克 精炼油 20 克	**收汁成菜** 　　锅置旺火上，下油烧至五成热时，放入蹄筋、姜米略炒。加入鲜汤烧沸，再加入精盐、胡椒粉、火腿、玉兰片、蘑菇、酱油烧沸出香味，勾二流芡。然后放味精、香油、醋拌匀，撒上葱花，起锅盛入汤碗内即成。 图 3.60 **关键点** 　　调味时注意精盐的用量，胡椒粉应该在烹制中加入，使香辣味突出。醋应在起锅时加入，才能使酸味更加突出。此菜作为汤羹菜肴，勾芡不宜太浓。

成菜特点　色浅棕黄，酸辣味浓，爽口解腻，蹄筋柔软，兰片脆嫩。
适用范围　大众筵席、佐酒均宜。

思 考 题

为什么醋要在起锅前加入？可以在中途加入吗？

9）豆瓣味

（1）味型特点

色泽红亮，咸鲜香辣，微带甜味，醇厚而不燥。

（2）调味品

精盐、味精、白糖、酱油、醋、姜、葱、蒜、料酒、鲜汤、精炼油、郫县豆瓣。

（3）操作过程

①将郫县豆瓣剁细，炒至酥香，油呈红色，再加入姜、葱、蒜炒出香味。

②掺入鲜汤，下主料，加入精盐、料酒、白糖、酱油、料酒及少许醋，烧至入味成熟，将主料捞出装入盘中。

③将原汁收汁浓味后放入葱花、味精、醋淋在原料上即成。

（4）关键点

①在调制豆瓣味时，无论使用郫县豆瓣还是泡辣椒，都应用低油温炒香上色，形成油色交融。

②姜蒜增香、除异味因此用量宜大。

③豆瓣味不应与荔枝味、鱼香味、家常味共同使用，有抵消和压抑的作用。

④可根据菜肴的需要加入适量的水淀粉收汁浓味，使其菜肴更加鲜香醇厚。

（5）菜肴实例

豆瓣鱼

"豆瓣鱼"为四川的传统菜肴，用鲜鱼配以郫县豆瓣等调料烹制而成。豆瓣鱼具有汁色红亮、鱼肉鲜嫩、豆瓣味浓郁芳香、咸鲜微辣略带酸甜的特点，是四川家庭、餐馆里非常普通、常见的鱼肴。

材　料	工艺流程
主　料 鲜鱼400克 **调辅料** 葱段5克 姜片8克 姜米10克 蒜米15克 葱花20克 郫县豆瓣50克 精盐2克 酱油5克 白糖10克 味精2克 料酒15克 醋20克 水淀粉20克 鲜汤250克 精炼油1000克（约耗100克）	**原料初加工** 　　鱼经初加工后，在鱼身上划一字花刀3~4刀（刀深约0.2厘米）。用精盐、料酒、姜片、葱段码味约15分钟，将郫县豆瓣剁细。 **关键点** 　　在鱼身上划刀时不宜划得太深太多，以免成菜不够完整。 **炸制处理** 　　将锅放在火上，加油烧至七成热时，放入鱼炸至浅黄色捞出。 **关键点** 　　炸鱼油温宜高，时间短，避免炸焦。　　图3.61 **烧制成菜** 　　锅内放油，放豆瓣炒香油红时，加入姜米、蒜米略炒。掺汤，加精盐、酱油、白糖、料酒、少量醋等调味。放鱼烧制中间时间将鱼翻面，鱼　图3.62 成熟入味后捞出装盘。锅内汤汁中加味精、醋、葱花，用水淀粉勾成二流芡，淋于鱼身上即成。 **关键点** 　　烧鱼时，火力不宜太大，以保持鱼的完整性，炒出豆瓣酱及姜蒜的香味，并且油要炒红。

成菜特点　色泽红亮，鱼形完整，咸鲜微辣略带酸，姜葱蒜及豆瓣香味浓郁。

适用范围　大众筵席及佐酒下饭。

1.为什么鱼要经过油炸"紧皮"再烧？

2.醋的作用是什么？怎样使用才合理？

10）酱香味

（1）味型特点

咸甜兼鲜，酱香浓郁。

（2）调味品

甜酱、精盐、料酒、味精、白糖、鲜汤。

（3）操作过程

①方法1。

a. 主料进行初步熟处理。

b. 将甜酱炒香，加入鲜汤、料酒、白糖、精盐一同与主料同烧。

c. 待主料入味后加入味精，待汁浓稠后起锅成菜。

②方法2。

a. 主料先用精盐、料酒、水淀粉码芡。

b. 将码好芡的主料放入油锅中炒散，加入甜面酱炒香上色。

c. 烹入由精盐、味精、白糖、鲜汤、水淀粉调成的滋汁，收汁亮油后起锅成菜。

（4）关键点

①在调味中一定要注意甜酱的色泽、浓度、滋味、咸度，并根据菜肴的成菜特点来决定甜酱及其他调味品的使用量。

②白糖的用量应根据甜酱的甜度来决定。

③甜酱浓度过大，可以在下锅前用香油、料酒或鲜汤稀释。

（5）菜肴实例

酱肉丝

"酱肉丝"是一道传统名菜，来源于鲁菜。因其色泽棕黄、肉质细嫩、咸鲜略甜、酱香浓郁而得到了广大食客的认可。

材　料	工艺流程
主　料 猪瘦肉 200 克 调辅料 葱 70 克 精盐 1 克 甜酱 20 克 酱油 6 克 味精 2 克 白糖 5 克	原料初加工切配 　　将葱白切成细丝，泡于清水碗内，猪肉切成二粗丝，放入碗内加精盐、酱油、水淀粉拌匀。 酱肉丝切丝 图 3.63 关键点 　　葱丝的用量宜多，切完后泡于清水中，猪肉丝粗细均匀。

续表

材　料	工艺流程
调辅料 水淀粉 40 克 鲜汤 30 克 精炼油 70 克	**滋汁调制** 　　将精盐、酱油、白糖、味精、水淀粉、鲜汤调成味汁。 **关键点** 　　滋汁中的水淀粉宜少，注意酱油的使用量，防止色泽过黑。
	烧制成菜 　　锅置火上，放油烧至六成热时，放入肉丝炒散，加甜面酱炒香，烹入滋汁，待收汁亮油起锅装盘成菜。将泡于水中的葱丝捞出沥干水分放于肉丝上面即成。 图 3.64 **关键点** 　　甜酱较浓，在使用前应先稀释，烹制中，放酱油时不宜放过多。白糖的用量应根据甜酱的甜度来确定，甜酱本身具有咸度，调味加精盐时要把握其用量。

成菜特点　色泽棕黄，肉质细嫩，酱香浓郁回味甜，葱味清香。

适用范围　大众筵席和零餐。

思考题

葱丝在切好之后为什么要泡水？

11）茄汁味

（1）味型特点

色泽红亮，甜中带酸，香鲜爽口。

（2）调味品

精盐、番茄酱、白糖、料酒、白醋、胡椒粉、姜、葱、蒜、味精、鲜汤。

（3）操作过程

①锅内放油，下姜米、蒜米炒香，再下番茄酱炒制，油呈现红色时掺汤。

②加精盐、白糖、料酒、胡椒粉、葱花、白醋、味精和少许淀粉。

③待茄汁味正后，淋在炸好的原料上即可。

（4）关键点

①选用品质较好的番茄酱成菜后才能使色泽艳丽。

②姜葱的用量宜少，以免影响成菜效果。

（5）菜肴实例

松鼠鱼

"松鼠鱼"为常见的鱼类菜肴之一，因形似松鼠而得名。此菜以鱼为原料经过剔刺、改刀、腌制、拍粉等工序炸熘而成，对厨师的烹调技术有着极高的要求，如今在一些餐馆内虽有此菜出售，但是却达不到很好的效果。"松鼠鱼"具有造型逼真，甜酸适口的特点，常常使吃此菜的食客惊诧不已。

材　料	工艺流程
主　料 草鱼1条（约700克） **调辅料** 青豌豆75克 熟冬笋75克 香菇15克 姜片5克 葱段10克 番茄酱30克 精盐3克 料酒10克 干淀粉100克 湿淀粉10克 鲜汤150克 精炼油2 000克（约耗100克）	**原料刀工处理** 　　鱼经初加工后，去头，鱼身剖成两片但鱼尾相连。然后去除鱼的脊骨胸刺，顺着鱼身内部用直刀锲（刀距0.5厘米，深度4/5）。再横着鱼身用斜刀法锲（刀距0.5厘米，深度4/5），用精盐、料酒、姜片、葱段码味静置。将冬笋、香菇切成0.5厘米大小的粒，青豌豆焯水断生。 **关键点** 　　加工时，锲鱼的花刀要深浅一致，刀距均匀，码味时精盐用量要适量。 **炸制成熟** 　　将鱼身、鱼头分别粘上干淀粉，锅置火上，下油烧至六成热时，下鱼头炸熟至金黄色捞出装在条盘内。待油回升到六成时，将拍粉的鱼肉反卷向外，将鱼尾反翘成"松鼠"形。筷子夹住鱼身的一端，另一手提着鱼尾，放入油锅中炸至定型成熟、色金黄捞出，装入盛有鱼头的盘内。  图3.65 **关键点** 　　鱼拍粉要注意拍粉均匀，不能选用有颗粒的淀粉。炸鱼可以分两次进行，第一次炸成形，第二次高油温迅速炸至外表金黄即可。在炸制过程中，鱼尾一定要反卷向上，成菜之后才有松鼠的造型。 **炒汁成菜** 　　锅内放入少许油，放入番茄酱炒香出色，加豌豆、冬笋粒、香菇粒炒匀，加鲜汤、精盐、白糖烧沸，加水淀粉成二流芡，起锅淋在炸好的鱼上即可。  图3.66

续表

材　料	工艺流程
	关键点 　　在制作茄汁味汁时，根据番茄酱的质量来决定是否选用酱油辅助增色或酸味调味料增酸。

成菜特点　色泽红亮，造型自然，质外酥内嫩，味甜酸。

适用范围　筵席及零餐使用。

在炸制前，为什么鱼肉要选用干细淀粉拍粉？

12）椒盐味

（1）味型特点

香麻咸鲜。

（2）调味品

精盐、花椒。

（3）操作过程

①将花椒去梗去籽备用。

②将花椒与精盐按1∶4混合，入锅内炒制花椒壳呈焦黄色。

③待冷却后碾成细末即成。

（4）关键点

做好的椒盐混合物不宜久放，可适量地加入味精一起搭配使用。

（5）菜肴实例

椒盐茄饼

　　茄子是十分平常的原料，但厨师通过自己的精心创造却将平常的东西做得甚是精致。将茄子去皮，切成"火夹片"，填入肉馅，经挂糊、油炸再配以椒盐味碟，得到了食客们的认可。此菜具有外酥内嫩、咸麻鲜香的特点。

材　料	工艺流程	
主　料 茄子250克 调辅料 猪肉150克 鸡蛋5个 干细淀粉150克	原料初加工 　　将猪肉剁碎放入碗内，加精盐、胡椒粉、水淀粉、姜葱水拌匀成肉馅。鸡蛋与干细淀粉调成全蛋糊，茄子去皮，切成"火夹片"，将肉馅分别装入茄子中。	图3.67

续表

材　料	工艺流程
调辅料 精盐 3 克 味精 1 克 胡椒粉 1 克 椒盐 5 克 姜葱水适量 精炼油 1 500 克（约耗 150 克）	**关键点** 　　选用直径为 4 厘米、形直较嫩的茄子。拌肉馅的咸味宜淡，酿肉馅时不宜太饱满。全蛋糊调制成半流体即可。茄子改刀略厚，炸制成熟才有质感。 **炸制成熟** 　　锅置火上，放入精炼油，烧至六成热时，将茄块逐个放入全蛋糊中粘裹均匀，放入油锅中炸制成熟。待油 图 3.68 温回升到六成时，再将全部茄饼倒入，重油炸至金黄时捞出装入盘内。椒盐加入味精调匀，打成椒盐碟一并放入盘内。 **关键点** 　　茄块酿馅后，需立即裹糊油炸，否则会影响菜品质量。油炸温度不宜过高，避免炸糊。

　　成菜特点　外酥内嫩，咸麻鲜香。

　　适用范围　大众筵席及零餐使用。

思考题

如果茄饼出现外熟内生是什么原因？

13）泡椒味

（1）味型特点

色泽红亮，质地细嫩，咸鲜带辣。

（2）调味品

精盐、味精、料酒、郫县豆瓣、泡辣椒、水淀粉、酱油、鲜汤。

（3）操作过程

①原料初加工，切配成形，进行码味处理。

②锅内放油，加入泡辣椒、豆瓣酱炒出香味。掺入鲜汤，调味，放入原料，烧至入味，放入味精，勾芡，起锅装盘成菜。

（4）关键点

①选用的泡辣椒应该色红、味正，泡辣椒是泡椒味的基础。

②调味时，应注意各种调味品的使用量，达到互相融合的效果。

（5）菜肴实例

泡椒牛蛙

"泡椒牛蛙"这道菜肴在餐厅的销售十分火爆。厨师们通过自己的创作，将泡椒味与牛蛙一起搭配烹制。因其色泽红亮、质地细嫩、咸鲜带辣得到了众食客的一致认可。

材　料	工艺流程
主　料 牛蛙 600 克 **调辅料** 黄瓜 200 克 泡辣椒 200 克 辣豆瓣油 200 克 西芹 150 克 姜片 15 克 蒜片 15 克 马耳朵葱 30 克 精盐 3 克 酱油 5 克 料酒 20 克 水淀粉 60 克 味精 2 克 精炼油 1500 克（约耗 100 克）	**原料初加工** 　　牛蛙经初加工（剥皮、去内脏、洗净）后，斩成块状，用精盐、姜、葱、水淀粉、料酒码味。将西芹洗净切成长 3 厘米的节，黄瓜切成滚料块待用。 **关键点** 　　选用色红、大小均匀、口味正的泡灯笼椒，使用活蛙，成菜后效果更佳。 **初步熟处理** 　　锅置旺火上，放油烧至三成热，下牛蛙块过油断生捞起。 **关键点** 　　牛蛙滑油的温度不能太高，保持滑嫩的口感。 图 3.69 **炒制成菜** 　　锅内放入适量油，放泡辣椒炒香。下姜、蒜片、料酒、精盐、酱油、辣豆瓣油炒出味，下牛蛙块、黄瓜块、西芹一起炒制。待入味后，下味精推匀起锅装盘。 图 3.70 **关键点** 　　各种调味品的使用量要合适，泡辣椒本有咸味，注意咸味调味料的使用。

成菜特点　色泽红亮，质地细嫩，咸鲜带辣。

适用范围　筵席及零餐使用。

为什么牛蛙不宜直接下锅炒制，而要先滑油？

14）甜香味

（1）味型特点

香甜爽口，芳香宜人，风味别具。

（2）调味品

冰糖（白糖、红糖）、香精、蜜饯、鲜果。

（3）操作过程

根据菜肴品种的不同，可使用蜜汁拌和，也可以用糖粘、拌糖炒制等烹调方法来调制甜香味。

（4）关键点

①控制好糖的用量，如果偏少，则没有甜味。如果偏多，则食用后有发腻之感。

②各种特殊有香味的原料如桂花、香精等宜少用，并且应合理搭配，以免影响菜肴风味。如苹果不宜与柠檬同用，桂花不宜与香蕉同用。

③在菜肴制作中，可以根据个人的喜好加入适量的鲜果、桂花、蜜饯、玫瑰等，但加入的量应该把握适量，不宜过多。

（5）菜肴实例

八宝锅蒸

"八宝锅蒸"是川菜席桌上的甜菜之一。此菜的主料是面粉，将面粉炒制酥香后糊化而成。八宝泛指蜜饯、果脯、坚果仁等原料，在实际制作菜肴时，可根据实际情况增加或减少辅料。

材　料	工艺流程
主　料 面粉 100 克 调辅料 酥桃仁 15 克 蜜玫瑰 3 克 蜜樱桃 10 克 蜜枣 10 克 橘饼 5 克 蜜瓜圆 10 克 白糖 70 克 沸水 250 克 精炼油 100 克	原料初加工 　将八宝料切成绿豆粒大小。 关键点 　在实际制作过程中，应切大量的八宝料待用，为防止彼此之间粘连，可以在其中撒上少量的白糖。 图 3.71
	炒制成菜 　锅置火上，放油烧至三成热时，加入面粉炒香成浅黄色，且锅底呈现沙粒状。加入沸水炒均匀，水被吸收后加白糖、八宝料推匀起锅，装盘成菜。

续表

材　料	工艺流程
	关键点 　　控制好炒面粉的火候，火不宜过大，油温宜低。炒制中，面粉不能炒焦，一定要炒酥香色呈浅黄色"翻砂"时才能加沸水，否则口感不酥香且会粘牙。控制好面粉、油、水三者之间的比例，白糖下锅炒匀即可，不可久炒。 图 3.72

成菜特点　色泽棕黄，软糯酥香，甜润可口。
适用范围　大众筵席中的甜菜使用。

思 考 题

1. 炒锅里加水过多或过少会出现什么现象？
2. 为什么加白糖后不能久炒？

15）咸甜味

（1）味型特点

咸、甜、鲜、香，醇厚爽口。

（2）调味品

精盐、冰糖、糖色、料酒、姜、五香粉、葱、胡椒粉、味精、花椒、鲜汤。

（3）操作过程

①将原料洗净，放入锅内，加鲜汤烧沸，去净浮沫。

②放精盐、料酒、姜、葱、胡椒粉、花椒、五香粉、冰糖、糖色在小火上慢烧。

③烧至酥软上色时拣出姜葱，加入味精，将原料捞出装盘。再将锅中汤汁烧至一定浓度后，淋在原料上即可。

（4）关键点

①在制作咸甜味的菜肴时，原料应该先焯水再进行烹调。

②糖色的用量应该合适，以成菜后色泽红亮为佳。

③五香料的用量不宜太大，以免压抑原料本身的鲜香味。

④应采用小火慢慢使原料烧制软糯入味。

（5）菜肴实例

东坡肉

"东坡肉"实际上是沿袭了宋代大文学家苏东坡的"慢着火，少著水，火候足时它

自美"的烧肉真绝演变而来。在制作此菜时，火候是它的关键，因其油而不腻、软糯可口、咸甜味浓，深受老百姓喜爱。

材　料	工艺流程
主　料 猪五花肉 500 克 **调辅料** 精盐 5 克 糖色 50 克 姜 20 克 葱 40 克 花椒 1 克 料酒 100 克 鲜汤 100 克 精炼油 50 克	**原料初加工** 　　将五花肉刮洗干净，放入锅内煮至定型，捞出揉干肉皮上的水分。趁热抹上糖色，切成方正形状的小块。放入六成热的油锅中，炸至棕红色捞出，姜葱花椒用纱布包好待用。  图 3.73 **关键点** 　　在肉煮制后，要趁热抹上糖色。肉在改刀时应大小整齐，成菜才会美观。 **煨制成菜** 　　取砂锅 1 个，放入纱布包好的姜葱及炸过的猪肉，肉皮向下，放入鲜汤、盐、冰糖、料酒、糖色烧沸。去掉浮沫，用小火煨制，待猪肉软糯后将其捞出，皮朝上放入盘内，将锅内剩下的滋汁收制浓稠后淋在肉上即可。  图 3.74 **关键点** 　　掌握好成菜的火候，火力不应太大，用小火煨至猪肉软糯，控制好糖色的用量，成菜以色泽红亮为准。

成菜特点　色泽棕红光亮，咸甜味浓，油而不腻，软糯可口。
适用范围　大众筵席及零餐使用。

 思考题

1. 为什么要用带皮五花肉？
2. 用小火长时间煨，使此菜肴有何特点？

学习川菜烹调技术

1. 学习菜品味型的特点和层次变化。
2. 了解同种原料经过不同烹饪技法加工后的色泽变化和口感变化。
3. 分析冷制和热制味型的区别。
4. 掌握刀工、调味、火候等技术。

能力培养目标

1. 掌握同种调味料在不同菜品中起到的作用。
2. 通过观察老师示范，提升学生观察能力和理解能力。
3. 具备独立的刀工技术、调味技术，能够掌握火候。
4. 掌握同类味型中调料的用量，能够描述细微的差别。

思政目标

1. 通过大量的练习，掌握核心的技术，增强学生的自信心和自豪感。
2. 按照菜品标准的要求，从色、香、味、形、器5个方面考查学生，找出不足，提出改进，使学生达到技艺精湛的标准。

任务1 川菜烹调技术

4.1.1 上浆、挂糊、拍粉

1）上浆

上浆又称抓浆、吃浆，广东称上粉，是指在经过刀工处理的原料表面黏附一层薄薄的浆液的工艺流程。

（1）浆类的调制原料

主要原料有：精盐、淀粉、鸡蛋、油脂、小苏打、嫩肉粉、水等。

（2）浆的种类

①水粉浆。

a. 主要原料：精盐、淀粉、水、料酒等。

b. 调制方法：将主料用精盐、料酒腌制入味，再加水、淀粉调匀粘裹于原料之上。

c. 用料比例：主料500克，淀粉50克，加入适量清水。

d. 适用范围：肉片、鸡丁、肝片等，适合炒、爆、熘等烹调方法。

e. 成菜特点：质地滑嫩。

关键点：上浆前，必须先进行基础调味，再加水和淀粉，调匀抓透；上浆的浓稀程度要控制好。

②蛋清浆。

a. 主要原料：精盐、淀粉、鸡蛋清、料酒等。

b. 调制方法：将主料用精盐、料酒腌制入味，再加鸡蛋清、淀粉调匀粘裹于原料之上。

c. 用料比例：原料500克，淀粉40克，鸡蛋清80克。

d. 适用范围：肉丝、鸡丝等，适合于熘、炒、爆等烹调方法。

e. 成菜特点：柔滑软嫩，色泽洁白。

关键点：上浆前必须先进行基础调味，再加入鸡蛋清和淀粉，调匀抓透，蛋清和淀粉比例应把握准确；上浆的浓稀程度要控制好。

③蛋黄浆。

a. 主要原料：精盐、淀粉、蛋黄、料酒、水等。

b. 调制方法：将主料用精盐、料酒腌制入味，再加鸡蛋黄、淀粉、水调匀粘裹于原料之上。

c. 用料比例：原料500克，淀粉40克，鸡蛋黄80克，水适量。

d. 适用范围：适合于炒、爆、熘等烹调方法，成菜带色的菜肴。

e. 成菜特点：柔滑软嫩，色泽略黄。

关键点：蛋黄浆在使用过程中，如果浆汁较浓稠，可以加入适量的清水，作为稀释。

④全蛋浆。

a. 主要原料：精盐、料酒、淀粉、全蛋液等。

b. 调制方法：将主料用精盐、料酒腌制入味，再加全蛋液、淀粉调匀粘裹于原料之上。

c. 用料比例：原料500克，淀粉40克，全蛋液80克。

d. 适用范围：适合于炒、爆、熘等烹调法，烹调带色的菜肴。

e. 成菜特点：原料滑嫩爽口，略带黄色。

关键点：全蛋淀粉浆需要充分调和，以保证各种用料相互溶解为一体。质地较老的原料在使用全蛋浆时可以加入适量的泡打粉或小苏打，使主料经油滑后更加松软嫩滑。

⑤苏打粉浆。

a. 主要原料：鸡蛋清、淀粉、水、小苏打、精盐等。

b. 调制方法：先将主料用精盐、小苏打、料酒码渍一会儿。再加入鸡蛋清、淀粉拌匀，浆好后静置一段时间后使用。

c. 用料比例：主料500克，鸡蛋清40克，淀粉40克，小苏打2克，精盐2克，水适量。

d. 适用范围：适合于爆、炒、熘等烹调方法。

e. 成菜特点：鲜嫩爽滑。

关键点：一般用于质地较老、肌纤维较多、韧性较强的原料，如牛肉、羊肉等。

（3）上浆的操作要领

①灵活掌握各种浆的使用。根据原料的不同质地、不同的烹调手段以及成菜后要达到的色泽，合理选择浆类。例如，在牛肉的烹调中，根据牛肉的质地，可以选择使用苏打粉浆。在鲜熘类菜肴中，因成菜要求色泽洁白，可以选用蛋清浆。

②合理掌握各种浆的浓度。根据原料的质地、烹调的要求合理调整浆类的浓度。质地较老的原料由于本身含水量较少，可以适当将浆调得稀一些，较嫩的原料因其本身含水量较多，且在烹调过程中有出水的现象，应将浆调制得浓稠一些。

③必须使原料吃浆上劲。

在上浆过程中，一般采用搅、拌、抓的方法。一方面，可使浆液充分地渗透到原料组织中，达到吃浆的目的；另一方面，可提高浆液的黏度，使其牢牢地粘裹于原料之上，达到上劲的目的，避免在烹调中原料出现脱浆的现象，影响成菜质量。

（4）上浆的作用

①保持原料中的水分和美味，使其内部鲜嫩，外部柔滑。

②保持原料的固有形态。在进行烹调时，由于原料受到温度的影响会发生失水变形一系列的变化，在表面粘裹上一层浆可以减少原料形态的变化，提高菜肴的质量。

③保持原料的营养成分。鸡、鱼、肉等原料如果直接下油锅进行烹调，其中所含的蛋白质、脂肪、维生素等营养成分都会遭到破坏，降低原料的营养价值。如果在这些原料的表面粘裹上浆液，其营养成分的破坏就会大大减少。

原料在烹调过程中脱浆是什么原因？

2）挂糊

挂糊（行业称"着衣"）是根据菜肴的质量标准，是指在经过刀工处理的原料表面，适当地挂上一层黏性粉糊的工艺流程。

（1）糊类的调制原料

主要有淀粉、鸡蛋、水、面粉、油脂、膨松剂。

（2）糊的种类

①水粉糊。

a. 主要原料：水 100 克，淀粉 200 克。

b. 调制方法：将水加入淀粉中，调成较为浓稠的糊状即可。

c. 适用范围：适合使用炸、焦熘等烹调方法。

②蛋清糊（或叫卵白糊）。

a. 主要原料：鸡蛋清 100 克，淀粉或面粉 100 克，水适量。

b. 调制方法：将打散的鸡蛋清加入适量的淀粉调和均匀。

c. 适用范围：一般用于条、块等形状，多用于炸、拔丝等烹调方法。

③蛋黄糊。

a. 主要原料：鸡蛋黄 100 克，淀粉或面粉 100 克，水适量。

b. 调制方法：用干淀粉、鸡蛋黄加入适量的水调制而成。

c. 适用范围：一般用于炸、焦熘等菜肴。

④全蛋糊。

a. 主要原料：淀粉或面粉 100 克，全蛋液 100 克。

b. 调制方法：将调散的全蛋糊放入淀粉中，搅拌均匀即可。

c. 适用范围：多用于炸及炸熘菜肴的制作。

⑤蛋泡糊（或叫高丽糊、雪衣糊）。

a. 主要原料：淀粉 100 克，鸡蛋清 200 克。

b. 调制方法：将鸡蛋清顺着一个方向搅打，打至起泡，以筷子在蛋清中竖立不倒为止。然后加淀粉拌匀成糊。

c. 适用范围：一般适合于松炸的菜肴。

⑥脆皮糊。

a. 主要原料：面粉 100 克，淀粉 40 克，发酵粉 2 克，油脂 30 克等。

b. 调制方法：干酵母用少许水稀释后，加入面粉、淀粉、水调成糊状，静置一段时间进行发酵，待糊发起后加油脂调匀。

c. 适用范围：用于脆炸类菜肴使用。

⑦水发糊。

a. 主要原料：面粉 70 克，水 100 克，发酵粉 3 克。

b. 调制方法：将面粉和发酵粉混在一起，再加入清水调匀即可。

c. 适用范围：多用于炸类菜肴。

（3）挂糊的操作要领

①灵活掌握各种糊的浓度。根据原料的质地、原料的烹调要求以及成菜后要达到的色泽合理选择糊类的使用。

②正确掌握各种糊的调制方法。在制糊中，必须掌握先慢后快、先轻后重的原则。

③根据菜肴主配料的特点合理选择糊的种类。菜肴颜色为白色时，必须选择鸡蛋

清作为糊液的辅助原料。需要菜品颜色金黄、棕黄时，可以选择全蛋液或蛋黄作为糊液的辅助原料。

思 考 题

比较上浆与挂糊的区别。

3）拍粉

拍粉是指在原料表面黏附一层干质粉粒，起保护和增香的作用。

（1）拍粉的着衣原料

一般有淀粉、面粉、米粉。

（2）拍粉的操作要领

①粉料选择：粉料选择时要注意粉料的口味，一般选用咸味或无味的，如果带有甜味，油炸时会很快变焦黑，有苦味。

②拍粉时应该现拍现炸：在给原料拍粉时，因为粉料非常干燥，拍得过早，原料内部的水分会被粉料吸收，经高油温炸制后菜肴质地会发干发硬，失去外酥内嫩的效果，影响菜肴质量。同时，粉料吸水过多会结成块或粒，造成表面粉层不均匀，炸制后菜肴外表不美观，也不酥脆。

③粉料的颗粒不宜过大：在拍粉的时候，粉料的颗粒不宜过大，否则加热时容易脱落。例如，拍面包糠时可以先用擀面杖将其碾碎再拍，效果更好。

4.1.2　油温识别及其控制

1）油温的识别

对于油温的识别，除了利用一些仪器以外，在厨房，厨师们一般根据自己的经验对油温进行鉴别，他们大多把油加热时的状态及投料后的反应与油温联系起来。大量研究发现，油的种类、数量、不同的加热方式、火力的大小等是影响油加热时状态的主要因素。

油温的识别根据经验总结可以分为以下几类。

（1）冷油温

油温一至两成，锅中油面平静，适合油酥花生、油酥腰果等菜肴的制作。

（2）低油温

油温三至四成，油面平静，面上有少许泡沫，略有响声，无青烟。适合于干料涨发、滑熘、滑炒、松炸等菜肴的制作。具有保鲜嫩、除水分的功能。

（3）中油温

油温五至六成，油面泡沫基本消失，搅动时有响声，有少量的青烟从锅四周向锅中间翻动。适合于炸、炒、熗、贴等菜肴的制作。具有酥皮增香、使原料不易碎烂的作用。

（4）高油温

油温七至八成，油面平静，搅动时有响声，冒青烟。适合炸、油爆、油淋等菜肴的制作。下料见水即爆，水分蒸发迅速，原料容易脆化。

（5）极高油温

油温九成左右。适合于炸、油淋等菜肴的制作。由于油的高温劣变，产生有毒物质，有害人体健康，营养成分破坏，因此不提倡使用此温度的油温制作菜肴。

2）**油温的控制**

油温的控制，除了要准确地鉴别油温外，还需要根据火力的大小、原料的性质、形状、数量、油的种类、数量、使用次数灵活掌握。

（1）根据火力大小调控油温

在旺火情况下，原料下锅时油温应低一些。在中小火情况下，原料下锅时油温应高一些。

（2）根据原料的性质和形状大小来调控油温

质地较老的原料下油锅时油温应该高一些，质地较嫩的原料下锅时油温应低一些。含水量较多的原料下锅时油温应高一些，含水量较少的原料油温应低一些。较大的原料下锅时油温应高些，反之形状较小的原料下锅油温应低一些。

（3）根据投放原料的多少和油量来调控油温

油量少、原料多时油温应高一些，油量多、原料少时油温应低一些。

（4）根据油的性质来调控油温

油的精炼程度、油的种类、油的使用次数、油的含水量及杂质也是影响油温的一个原因。

4.1.3 勾芡技术

勾芡是指根据菜肴的特定要求，在菜肴即将成熟起锅前，向锅内加入粉汁，使菜肴汤汁具有一定浓稠度的工艺流程。

1）**芡汁的种类**

按芡汁的浓度划分，可以分为薄芡和厚芡。其中，薄芡又分为流芡和米汤芡（奶汤芡），厚芡又可以分为糊芡和包芡。

（1）流芡

流芡一般适用于烧、熘、扒等菜肴，芡汁较稠但是仍可流动。这些芡汁一部分粘裹于原料之上，一部分能够在盘内流动。如白汁鳜鱼、红烧肘子。

（2）米汤芡

米汤芡因汤汁如米汤而得名，多用于汤汁较多的烩菜。如酸辣汤、烩三鲜。

（3）糊芡

糊芡是指勾芡之前汤汁较多，勾芡后汤汁呈糊状的一种厚芡，所用的淀粉量较大，多用于糊菜和羹菜。如蟹黄豆腐羹。

续表

材　料	工艺流程
	炝制成菜 　　锅置旺火上，加油烧至五成热时，放入干辣椒炸至棕红色时，放入花椒炝香，迅速投入黄瓜条炝至断生。加入精盐、味精、香油调匀，起锅晾凉，装盘成菜。 图 4.2 **关键点** 　　炝制干辣椒、花椒时应注意火候，避免焦煳。黄瓜受热时间不宜太长，也可以不将黄瓜下锅。将炝好的干辣椒、花椒直接倒在切配好的黄瓜之上，加入调味品拌匀即可。

成菜特点　色绿，质地脆嫩，咸鲜香辣微麻。

适用范围　大众便餐。

思考题

炝制类菜肴最关键的步骤是什么？

2）拌

拌是冷菜常用的烹调方法之一，是将生料或晾凉的熟料加工成小型的丝、丁、片、条等形状，再加入所需的调味品，调制成菜的烹调方法。

拌菜按其操作方法，将成菜形式分为拌味汁、淋味汁、蘸味汁 3 种。

（1）拌味汁

拌味汁是指把按要求调制好的味汁放入切好的原料中拌匀、装盘。运用这种方式的特点是：原料与味汁拌匀入味，调味的浓淡容易掌握，但造型较差。

①工艺流程。

选料加工→拌制前处理→选择拌制方式→装盘调味

②操作要领。

a.原料的加工整理要得当。可生食的原料必须洗净，凡是需要熟处理的原料必须根据原料的质地和菜肴的质感要求掌握好火候。

b.调味要准确合理，各种拌菜使用的调料和口味要有其特色。

c.应现吃现拌，不宜久放。

③成菜特点。

a.香气浓郁，鲜醇不腻，清凉爽口。

b.用料广泛，味型多样。

c.汤汁较少。

④菜肴实例。

花仁拌兔丁

"花仁拌兔丁"是四川的传统凉菜。这款凉菜以兔丁和花生仁为主料，并配多种调味品制作而成，具有色泽红亮、肉质细嫩、花仁酥脆、鲜香麻辣的特点。

材　料	工艺流程
主　料 鲜兔200克 **调辅料** 盐酥花生50克 葱50克 郫县豆瓣20克 豆豉10克 酱油10克 白糖5克 精盐3克 辣椒油50克 味精2克 花椒粉3克 香油3克 料酒10克 姜10克 精炼油40克	**原料初加工** 　　将兔肉清洗干净，放入冷水或者热水中，加入料酒、姜、葱。用中火或小火煮至兔肉刚熟，连同汤一起装入盆内，泡制10分钟后捞出晾凉。  　　　　　　　　　　　图4.3 **关键点** 　　兔肉必须先漂净血水后再煮制，以确保色泽洁白。火力不要太大，以确保肉质的细嫩。 **调料加工** 　　先将炒锅放在小火上，加入食用油。再将剁细的郫县豆瓣放进锅中炒至色红后加豆豉蓉一起炒香出锅晾凉待用。 **关键点** 　　因为豆瓣和豆豉蓉在炒制过程中极易粘锅，所以需用小火慢炒。 **刀工切配** 　　将晾凉的兔丁斩成1.5厘米见方的丁，葱切成2厘米长的葱丁，花仁去皮。 **关键点** 　　因为兔肉肉质较嫩，所以在斩的过程中要注意其破碎。 **调味成菜** 　　将精盐、味精、白糖、酱油、辣椒油、花椒粉、香油及炒好的豆瓣豆豉调成味汁，放入兔丁、葱弹子花、花仁调拌均匀，装盘成菜即可。  　　　　　　　　　　　图4.4 **关键点** 　　兔子含有草腥味，因此底味要足。

　　成菜特点　色泽红亮，肉质细嫩，花仁酥脆，鲜香麻辣。

　　适用范围　筵席冷碟及大众便餐。

思考题

1. 兔丁为什么要现食现拌？
2. 怎样保证煮熟后的兔肉细嫩，斩出来的兔丁完整？

（2）淋味汁

淋味汁是将经过熟处理后的原料，晾冷后进行刀工处理装盘，在临走菜时，将事先调好的味汁，淋入装盘的原料上即成。这种方法的特点是：原料装盘造型好，但对调味要求难度大，装盘时不宜装得过多。

（3）菜肴实例

灯影苕片

"灯影苕片"因其苕片炸后薄而透明，对灯而照，灯影隐隐可见，故而得名。此菜不仅考验厨师的刀工技术，而且厨师对于火候的把控也十分关键。成菜之后色泽金黄，片薄透明，酥脆爽口，麻辣味鲜。

材　料	工艺流程
主　料 红苕 1 个（约重 200 克） **调辅料** 精盐 4 克 白糖 2 克 辣椒油 50 克 花椒油 10 克 味精 1 克 香油 10 克 熟芝麻 5 克 精炼油 1500 克（约耗 20 克）	**刀工成形** 　　红苕洗净去皮，切成长约 6 厘米、宽约 4 厘米的长方体，用平刀片的方法将红苕片成完整的"灯影片"放入清水中浸泡，然后用清水漂洗干净，捞出沥干水分待用。  图 4.5 **关键点** 　　选用个大、无霉变、无虫眼的红心红苕，片的"灯影片"应该完整均匀，厚薄一致。 **炸制成熟** 　　炒锅置火上，加入食用油烧至四五成热时，放入红苕片炸至色红酥脆时捞出，沥干油分，然后整齐地放入盘内。 **关键点** 　　炸制时，油温不宜太高。 **调味成菜** 　　将精盐、味精、白糖、辣椒油、花椒油、香油放入碗内调制均匀，淋在红苕片上即可。  图 4.6 **关键点** 　　炸制酥脆的苕片容易破碎，所以尽量避免采用拌味汁的方法。

成菜特点　色泽金黄，酥脆爽口，麻辣回甜，片薄透明。
适用范围　大众便餐。

思考题

1. 在炸制苕片时，为什么表面会出现卷缩或者起泡的现象？
2. 为什么要将红苕片泡水，泡了水之后有什么好处？

（4）蘸味汁

蘸味汁是将经初加工或初步熟处理后的原料，经刀工处理后装盘，走菜时，再将事先调制好的味汁放在味碟内一同上桌，由客人自蘸自食。这种方式的特点是：装盘造型好，客人对味碟的选择性大，但调味汁的用量较大。

（5）菜肴实例

四味毛肚

毛肚也称百叶肚，俗称牛百叶，是牛的瓣胃（牛有四胃：瘤胃、网胃、瓣胃、皱胃）。"四味毛肚"是运用一菜多吃的方法，将不同的味汁分别兑在不同的碗内，上菜时将味汁和毛肚一起上桌，供客人蘸食，其优点在于客人对味碟的选择性大。

材 料	工艺流程
主 料 毛肚 500 克 **调辅料** 精盐 12 克 味精 8 克 酱油 6 克 辣椒油 40 克 醋 5 克 白糖 5 克 葱 40 克 花椒 3 克 蒜蓉 15 克 小米椒 20 克 香油 30 克 鲜汤 120 克	**原料初加工** 　　先将毛肚上的杂物抖净，摊于加工台上，把肚叶层层理直。再用水冲洗干净，直至无异味和黑膜。改刀成适当大小的片，放入沸水中焯水约十几秒钟捞出，晾凉后待用。  图 4.7 **关键点** 　　毛肚杂质较多，异味较重。洗涤时应用清水反复漂透，直至清洗干净。焯水时间要短，在沸水中烫一下即可，以免影响毛肚爽脆的口感。 **调味成菜** 　　将调味品分别调制出香油味汁、酸辣味汁（加入剁碎的小米椒）、椒麻味汁、蒜泥味汁装入 4 个小碗内。上菜时，将 4 个味碟和毛肚一起上桌，供客人蘸食。  图 4.8 **关键点** 　　在味汁调制过程中，要把握好各种味型特点，调制出醇正的味道。

成菜特点　毛肚爽脆，口味众多。
适用范围　适合各类筵席的冷碟使用。

思考题

在凉菜烹调方法中，蘸味汁的特点是什么？

3）炸收

炸收是将刀工处理后的原料码味，经油炸脱去原料部分水分，入锅掺汤，加入调味品，用中火或小火加热，使味渗透，收汁亮油、干香滋润的烹调方法。适用于鸡、鸭、鱼、猪肉、牛肉、猪排等原料的烹饪。

（1）工艺流程

选料切配→码味处理→炸制处理→收汁成菜

（2）操作要领

①码味时，原料底味应该给足。

②掌握好过油的温度以及过油的时间。

③收汁时，应采用中小火为宜。

（3）成菜特点

色泽棕黄（金黄），干香滋润化渣，香鲜醇厚。

（4）菜肴实例

葱酥鲫鱼

鲫鱼药用价值极高，具有健脾、开胃、益气、除湿的功效，是日常生活中十分常见的食材。"葱酥鲫鱼"是四川传统名菜，具有肉嫩骨酥、咸鲜味醇、葱香味浓郁的特点。

材　料	工艺流程
主　料 鲫鱼1尾（约200克） **调辅料** 葱白60克 泡红辣椒3根 精盐3克 料酒10克 醪糟汁20克 糖色适量 姜10克 味精1克 醋3克 鲜汤100克 香油10克 精炼油1 000克（约耗50克）	**原料初加工** 　　鲜活鲫鱼经过初加工（刮鳞、去鳃、去内脏）清洗干净，鱼身两边各锲3刀，用精盐、料酒、姜、葱码味。葱切成长约6厘米的段，泡辣椒切去两端去籽，切成长6厘米的段。 **关键点** 　　勿将鱼胆弄破，影响成菜的味道。 **炸制** 　　炒锅置于火上，加入食用油烧至七成热时，将鱼放入，炸至金黄色捞出。 **关键点** 　　掌握好炸鱼的火候。 　　图4.9

续表

材　料	工艺流程
	收汁成菜 　　先将锅内放入食用油，加入泡辣椒、葱段略炒，然后加入鲜汤、精盐、料酒、醋、糖色调制成味汁。将炸好的鱼放进调好的味汁，用小火收至汤汁浓缩为一半时将鱼翻一面继续收汁。加入香油、味精、醪糟汁继续收汁，将干、亮油时起锅装盘。将泡辣椒节和葱节放在鱼身上即可。 图 4.10 **关键点** 　　收汁采用小火，味汁中加醋是为了去腥，不能表现酸味出来。

成菜特点　色泽棕红，肉嫩骨酥，咸鲜味醇，葱香味浓郁。

适用范围　大众便餐及普通筵席。

思考题

在收鱼的时候加入醋有什么好处？

花椒鸡丁

　　"花椒鸡丁"是四川传统风味凉菜，是一款深受饮酒人士喜爱的佐酒菜肴。此菜采用炸收的烹调方法，加入辣椒、花椒，具有干香滋润、麻辣鲜香的特点。

材　料	工艺流程
主　料 公鸡肉 300 克 **调辅料** 干辣椒 20 克 花椒 8 克 姜 20 克 葱 20 克 精盐 4 克 料酒 15 克 糖色适量 香油 10 克 鲜汤 200 克 精炼油 1 000 克（约耗 70 克）	**原料初加工** 　　将鸡肉斩成 2 厘米见方的丁，用精盐、姜、葱、料酒拌匀进行码味。干辣椒切成 1 厘米的节。 **关键点** 　　鸡肉码味底味要足，避免成菜乏味。 **炸制** 　　炒锅置火上放油，将油烧至六成热时，放入鸡丁炸制成熟捞出。等到油温再升至六成时，放鸡丁重新炸至色泽棕红时捞出。 图 4.11

续表

材　料	工艺流程
	关键点 　　鸡丁的炸制火候把握准确，避免炸得过干影响口感。 **收汁成菜** 　　锅内放入少许油，烧至三成热时，先后放入干辣椒、花椒炒香，加入鲜汤、鸡丁、糖色、精盐、料酒调味，用中小火加热至鸡丁回软，入味后改用大火收汁。至汁干亮油后，加味精、香油，起锅装盘成菜。 图 4.12 **关键点** 　　使用中小火进行收汁，干辣椒、花椒必须先炒出香味。再加入鲜汤等调料，使成菜具有麻辣味浓厚的特点。

成菜特点　色泽棕红，干香滋润，入口化渣，咸鲜醇厚，麻辣香浓。
适用范围　大众便餐佐酒菜肴。

 思考题

在制作过程中，需要注意哪些方面的问题，才能达到干香滋润、入口化渣的特点？

芝麻肉丝

"芝麻肉丝"属于川菜传统冷碟，一般在中低档筵席中出现。厨师们将猪肉精心加工制作出这道菜肴，把粗料制作得相当精细。

材　料	工艺流程
主　料 猪瘦肉 200 克 **调辅料** 熟芝麻 10 克 精盐 3 克 料酒 10 克 白糖 1.5 克	**原料初加工** 　　将猪肉切成长 10 厘米、粗 0.4 厘米的丝。加入姜、葱、精盐、料酒码味约 10 分钟。 **关键点** 　　肉丝粗细均匀，长短一致。 图 4.13

续表

材　料	工艺流程
糖色适量 八角半粒 味精 1 克 香油 10 克 净辣椒油 15 克 姜 5 克 葱 10 克 鲜汤 200 克 精炼油 1 000 克（约耗 60 克）	**炸制** 　　锅置火上，放油烧至六成热。肉丝中加少许冷油拌匀，放入锅内炸至散籽，捞出。待油温回升至六成时，炸至棕黄，捞出待用。 **关键点** 　　放入冷油是避免下油锅粘在一起，肉丝分两次炸制。第一次是为了炸干水，第二次是为了上色。
	收汁成菜 　　锅洗净，放入少许油，下姜片、葱段炒香，掺入鲜汤。加精盐、料酒、八角、糖色、白糖用小火收至汤汁将干时放入味精、香油、辣椒油和匀起锅，趁热撒上芝麻，晾凉装盘即可。  图 4.14 **关键点** 　　汤汁要加适量，用中小火进行收汁。

成菜特点　色泽棕红，干香滋润，入口化渣，咸鲜微辣。
适用范围　中低档筵席及大众便餐。

思考题

芝麻肉丝在制作过程中的关键是什么？

4）烤

烤是指将烹调原料腌渍入味后，利用柴、炭、煤、天然气、电等的热量，使原料成熟的一种烹调方法。烤一般分为清烤、挂浆烤、网油烤、泥烤、面烤、竹筒烤、暗炉烤、明炉烤等。

（1）工艺流程

选料切配→原料码味→烤制成熟

（2）操作要领

①选料。烤适合形状较大的原料，如鸡、鸭、鱼、肉以及一些植物性原料，如土豆、红薯等。

②调味。一般烤制类菜肴都要在烤前进行码味处理。

③火候。烤制时，火力大小和时间长短必须根据原料的大小、肥瘦、老嫩灵活运

用。在刚开始烤制时，一般使用大火；待原料紧缩、表面淡黄色时，改用小火烤，同时不断地将原料翻动和浇油。

（3）成菜特点

色泽美观，形态大方，香味醇厚，皮酥肉嫩。

（4）菜肴实例

风味烤鱼

"风味烤鱼"是借鉴新疆"烤羊肉串"制作而成。它既吸收了其精华之处，又融入了川菜独特的调味方法，采用先烤后收，使调味料的滋味充分地被鱼吸收，从而具备外酥内嫩、麻辣鲜香的特点。

材　料	工艺流程
主　料 草鱼1尾（约800克） **调辅料** 干辣椒250克 干花椒100克 花椒粉10克 辣椒粉20克 郫县豆瓣30克 孜然粉5克 油酥花生150克 熟芝麻30克 葱段50克 姜片10克 姜、蒜末各20克 精盐3克 味精2克 白糖5克 料酒15克 香辣酱50克 香油20克 香菜25克 鲜汤400克 精炼油250克	**原料初加工** 　　鱼经过初加工后，剞上"兰花刀"，用精盐、料酒、姜、葱码味。 **关键点** 　　保持鱼的完整性，底味要让鱼吃足。 **烤制** 　　用烤鱼夹将鱼夹住，在木炭上烤制，一边烤一边刷香油，并撒上花椒粉、辣椒粉、孜然粉。烤至鱼皮酥脆时，取下待用。 **关键点** 　　烤鱼时，注意火候不要烤焦，并随时翻动，使之受热均匀。 图4.15 **收汁成菜** 　　锅内放油，下豆瓣、香辣酱、干辣椒节、花椒、姜蒜末、葱段炒香。加入精盐、白糖、鲜汤下鱼收汁入味。汁将干时，放入味精，起锅装入盘内，撒上酥花生、芝麻、香菜即可。 图4.16 **关键点** 　　收汁时，火力不要太大，应让调味料充分地被鱼吸收，并且达到外酥内嫩的状态。

成菜特点　色泽棕红，外酥内嫩，麻辣酥香。

适用范围　风味筵席及零餐。

烤制类菜肴制作的关键之处在哪里？

5）泡

泡是将原料加工处理后，放入盛有特制溶液的水坛中，经过乳酸发酵（有的不经过发酵）泡制入味的方法。泡菜从口味上大致分为几个类型：传统的盐水泡菜、咸甜泡菜、酸甜泡菜以及近几年流行的山椒汁、泡椒汁泡菜。具有代表性的如泡豇豆、泡辣椒、泡仔姜、山椒凤爪、山椒贡菜等。

（1）工艺流程

选料切配 →熟处理→制卤装坛→泡制成菜

（2）操作要领

①原料选择。因为泡制菜肴很多选择植物性原料进行生泡，所以原料在初加工时一定要注意清洗干净。

②盛器的选择。泡菜坛的选择十分重要，对于泡菜的好坏有直接影响，应该选择密闭性好的泡菜坛，这样才能泡出好的菜肴。

③原料的熟处理。原料的熟处理主要包括水煮、余烫等，不同的原料应根据其质地和成菜的要求选择合适的熟处理方法。

④根据不同的原料合理选择泡制的时间，如荤料选择的泡制时间就较短。

（3）成菜特点

质地脆嫩，咸鲜微酸或咸酸辣甜，清爽适口。

（4）菜肴实例

山椒凤爪

随着人们对饮食的要求越来越高，厨师们都积极开动脑筋开发出了很多美味的菜肴。"山椒凤爪"是运用泡菜的传统泡法来泡制动物性原料，并冠以"陈年老坛子"的美名，给人耳目一新的感觉。此菜具有色泽洁白、质地脆嫩、酸辣爽口的特点。

材　料	工艺流程
主　料 鸡脚 500 克 **调辅料** 泡菜盐水 700 克 野山椒 200 克 姜 15 克 葱 20 克 蒜 10 克 花椒 3 克 芹菜 30 克 胡萝卜 50 克 料酒 10 克	**原料煮制** 　　鸡脚用水洗净加姜、葱、料酒、花椒进行煮制，煮好后用凉水冲凉去骨，去骨之后改刀。将一只鸡脚改成两半，再将改好刀的鸡脚用清水洗去油渍。然后将芹菜切成节，胡萝卜切成筷子条待用。 图 4.17 **关键点** 　　在煮制鸡脚时采用焖煮的方法，断生即可，以免影响其口感。去骨的鸡脚一定要去净油脂，成菜才会更加爽脆。

续表

材　料	工艺流程
	泡制成菜 　　取一小坛，放进泡菜盐水、野山椒、姜、葱、蒜、芹菜、胡萝卜，加入去骨鸡脚加盖泡制 10 小时左右即可。 **关键点** 　　泡菜盐水应以咸鲜为底味，在此基础上突出野山椒的酸辣味。鸡脚泡好之后不宜放置太久，以免影响菜肴的质感。　图 4.18

成菜特点　色泽洁白，质地脆嫩，酸辣爽口。
适用范围　风味筵席的冷碟使用。

思考题

如何使鸡脚保持爽脆的口感？

6）渍

渍又称"激"，是指将炒熟的原料趁热放入用盐、糖、醋等调制好的调味汁中，加盖盖严，使之吸入味汁、膨胀入味的烹调方法。常见菜品如藿香渍胡豆、糖醋豌豆、五香黄豆等。

（1）工艺流程

原料初加工→初步熟处理→调制味汁→渍制成菜

（2）操作要领

①一般选用的原料为干制后的豆类。

②在渍的过程中一定要趁热将原料放进调味汁中。

③要等待原料吸水充足，回软入味后再食用，在渍的过程中一定要加盖。

（3）成菜特点

原料软绵，回味悠长，甜酸适口。

（4）菜肴实例

藿香渍胡豆

"藿香渍胡豆"是川菜中常用的一款凉菜，是很好的佐酒小菜。此菜具有甜酸微辣、胡豆软绵、回味悠长的特点。

材　料	工艺流程
王　料 干胡豆 500 克 **调辅料** 老泡菜水 200 克 白糖 30 克 醋 20 克 酱油 10 克 泡红辣椒 50 克 藿香嫩叶 10 克 熟菜油 50 克 香油 5 克	**原料初加工** 　　藿香洗净，切成 1 厘米长的节，泡辣椒去籽剁成蓉。取一小坛，放入泡菜水，掺入凉开水，依次放入精盐、泡红辣椒蓉、白糖、醋、酱油、熟菜油、香油调匀成味汁待用。  图 4.19 **关键点** 　　调出的味汁具有甜酸微辣的特点，注意各种调味品的使用量。
	炒制原料并渍制成菜 　　炒锅置小火上，放入洗净的胡豆，慢炒至胡豆成熟出香味后起锅。趁热放入调好的味汁内，撒上藿香，盖上盖，渍 2 个小时左右。待胡豆充分吸水后，装盘并淋上少许原汁即成。  图 4.20 **关键点** 　　炒制胡豆时要勤翻动，使之受热均匀。灵活掌握渍胡豆的时间，以胡豆充分吸水发胀为佳。

　　成菜特点　　胡豆绵软适口，咸鲜微辣回甜，略带藿香味。

　　适用范围　　大众便餐，佐酒下饭均可。

7）挂霜

　　挂霜是指将经初步熟处理的半成品，粘裹一层主要由白糖熬制成糖液冷却成的一层霜或撒上一层糖粉成菜的烹调方法。挂霜一般适用于调制成甜味的烹饪原料，特别是一些干果原料（如腰果、花生仁、核桃仁等）。

　　（1）工艺流程

　　选料加工→初步熟处理→挂霜成菜

　　（2）操作要领

　　①挂霜菜肴要选择新鲜程度高，无虫咬变质，富有质感特色的原料。

　　②原料熟处理是挂霜菜肴质感的基础，盐炒要酥香，油炸要酥脆，油炸的一定要沥干油分。

　　③熟处理中，应防止炒焦或炸焦原料，保持原料色泽。

　　④熬制糖液时火力要小而集中，糖液成连绵透明的片状即可。

　　⑤熬制糖液时，应该在糖液挂霜前放入，并熬制片刻放入原料即可。

　　⑥挂霜时，放入原料应迅速翻动并脱离火口，待原料粘匀糖液要不停簸动分散原料，加强摩擦生成糖霜状态。

⑦挂霜时如有结块，不宜打散，可以用手分开。

（3）成菜特点

色泽洁白，甜香酥脆。

（4）菜肴实例

糖粘花仁

"糖粘花仁"是挂霜类菜肴的典型代表，可作为凉菜小碟上桌食用，也可以当作小食品食用。其质感酥脆、口味香甜，深受食客喜爱。

材　料	工艺流程	
主料 盐炒花生 100 克 **调辅料** 白糖 70 克 清水 80 克	**原料初加工** 　　将盐炒花生去皮待用。 **关键点** 　　花仁一定要将皮去掉，以保证成菜的效果。花仁可以选用盐炒或烘烤至酥脆的方法，不可以用油炸至酥。	 图 4.21
	挂霜成菜 　　将锅洗净，放清水、白糖，用小火加热至锅中糖液黏稠（术语称"飞丝""挂牌"）时，将锅端离火口。放入花生仁粘裹糖液，炒匀后将花仁搓动均匀后互相分散。待温度降低、花仁表面出现糖霜时，起锅晾凉装盘成菜。 **关键点** 　　熬糖的火候相当重要，应根据季节的不同灵活掌握。夏天应熬老一点，冬季则可熬得嫩一些，采用小火慢慢熬制。	 图 4.22

成菜特点　色泽洁白，挂霜均匀，香甜可口。

适用范围　大众便餐，风味小食品。

思考题

1.花仁为什么不能用油炸？

2.炒糖时，糖液过嫩或过老对糖粘菜肴有什么影响？

8）冻

冻是选用富含胶质的原料，经较长时间的熬制，使其充分融化、冷却凝结或与其他烹饪原料一起凝结成菜的烹调方法。富含胶质的原料包括猪皮、猪蹄、琼脂、食用

明胶等。冻可以按菜肴口味要求，制成咸味冻和甜味冻两种，如水晶花仁、水晶鸭方、桂花冻、龙眼果冻等。

（1）工艺流程

原料初加工→小火熬制成汁→凝结成形→改刀装盘→调味上菜

（2）操作要领

①胶体溶液的熬制。制作冻类菜肴的原料一般包括猪皮和琼脂。猪皮在进行熬制的过程中一定要将猪皮的残毛、肥膘去净。琼脂在熬制之前可以先泡在冷水里使其涨发，涨发后，加水熬制一段时间就会慢慢融化。两者在熬制过程中都应该采用小火。

②在制作冻菜的过程中必须忌油。

③原料的搭配及口味的确定。用动物胶质熬出来的冻液一般应与动物性原料搭配使用，用植物胶质熬出来的冻液一般与植物性原料一起使用。皮冻在菜肴制作中一般调制成咸味，用琼脂做成的菜肴一般调制成甜味。

（3）成菜特点

晶莹透明，色泽淡雅，柔嫩滑爽。

（4）菜肴实例

什锦果冻

"什锦果冻"是筵席甜品中不可或缺的一道菜肴，里面加入了大量的新鲜水果，成菜造型美观，晶莹剔透，香甜柔和，深受青少年喜爱。

甜味冻
甜味冻的凝冻材料一般为琼脂或者明胶，熬制冻汁时用糖水，并在冻液内加入可直接生食的干鲜瓜果（如龙眼、水蜜桃、银耳、葡萄等）。在制作中，一般使用特制模具，冻制成菜后具有一定的造型，并且颜色鲜明，晶莹剔透，香甜可口。

材　料	工艺流程
主　料 菠萝 100 克 草莓 100 克 枇杷 100 克 **调辅料** 琼脂 15 克 冰糖 250 克 清水 500 克	**原料初加工** 　　将枇杷去籽，与菠萝、草莓一起切成 0.5 厘米见方的粒待用。冰糖敲碎，取一半放入锅内，加清水熬成糖液。 **关键点** 　　选择的水果色泽要鲜艳，口味要纯正。 图 4.23
	熬汁 　　琼脂洗净，放入清水锅内用小火熬制，待琼脂完全融化，去净浮沫，加入另一半冰糖熬化，制成琼脂糖液。 **关键点** 　　可使用食用明胶代替琼脂，熬制时，用小火将琼脂和冰糖充分熬化成琼脂糖液。

续表

材　料	工艺流程
	冻制成菜 　　取 20 只酒杯作为模具，放入琼脂糖液。待温热时，加入水果粒，冷却凝固后将其取出翻扣于盘内，淋上糖汁即可。 图 4.24 **关键点** 　　温热时，放入水果就不会漂浮在杯面上，影响整体色彩。同时，低温可以减少维生素的损失。

成菜特点　成形美观，色彩艳丽，晶莹剔透，香甜柔和。

适用范围　筵席中的甜菜使用。

思 考 题

如果此菜将琼脂换成皮冻效果好吗？为什么？

水晶凤脯

"水晶凤脯"为一款筵席上常见的冷碟。将鸡脯与皮冻相结合，再配以姜汁味滋汁，成形美观，晶莹剔透，特别适合于夏秋季节食用。

咸味冻
多用富含胶质的动物性原料制作，如猪皮、猪肘、猪蹄等。在制作过程中，将原料经过熬煮以后进行调味，待冷却后改刀，调味即可。

材　料	工艺流程
主　料 猪皮 300 克 **调辅料** 熟咸味鸡脯 150 克 精盐 5 克 味精 2 克 姜 50 克 葱 20 克	**原料初加工** 　　选用新鲜猪后腿肉皮，拔去残毛，去除肥膘，放进清水中煮熟。捞出后继续刮去肥膘，晾凉后切成小条待用。将鸡脯切成 0.5 厘米见方的丁。 **关键点** 　　猪皮腥味较重，熟处理相当重要，应尽量去除其异味。 图 4.25

续表

材　料	工艺流程
料酒 10 克 鲜汤 50 克 清汤 500 克 醋 30 克 香油 10 克	**熬制与冻制** 　　先将猪皮放进锅内，然后加入清汤、姜、葱烧沸后撇去浮沫。用小火长时间煨至皮粑软，汤汁浓稠，拣出姜葱，放入鸡脯。加精盐、味精调味后将其倒入不锈钢方盘内，放入冰箱冷藏。 **关键点** 　　熬制猪皮需用小火，使皮内胶质充分融化，切忌中途加水。
	装盘成菜 　　将凝固的鸡脯冻翻扣在菜板上，切成长 6 厘米、宽 4 厘米、厚 0.3 厘米的片在盘内摆成"风车形"，用鲜汤、姜末、味精、精盐、醋、香油调成姜汁味，味汁淋在皮冻上即可。 图 4.26 **关键点** 　　味汁颜色不要太深，以免影响皮冻的色泽。

成菜特点　晶莹剔透，质地柔软，口感滑爽。
适用范围　筵席冷碟使用。

冻汁浑浊不清是如何造成的？

9）卤

卤是将大块或整形的原料，经初步加工，初步熟处理后放入卤汁内煮至成熟入味的烹调方法。卤菜按其色泽分为红卤和白卤两种，红卤的卤汁加糖色等有色调味品，成菜色泽红亮（如卤猪肉、卤猪蹄、卤鸭等），白卤的卤汁中不加糖色等有色调味品，成菜保持原料本色（如卤牛肉、白卤鸡等）。

（1）工艺流程

选料刀工处理→原料初步熟处理（或码味处理）→制卤水→卤制成菜→刀工切配→装盘成菜

（2）操作要领

①选料时，应该选取新鲜、异味小的原料。

②卤制前，将原料焯水去除异味。

③大型原料应先进行刀工处理切块进行卤制，使其充分卤制入味。

④小火加盖焖煮，保证酥软效果。

⑤反复使用的卤水可以根据其需要加入鲜汤、调料、姜、葱、香料、适量的糖色，

调料保证够味。

⑥原料在卤制过程中，卤水应淹没原料。

⑦体积较大的动物性原料应先码味再进行卤制（如牛肉、羊肉）。

（3）成菜特点

卤制菜肴具有色泽美观，香味醇厚，软熟滋润的特点。

（4）起卤汁

卤按颜色可以分为红卤和白卤两种。卤汁应一次做好，连续使用。使用越久，香味越醇厚，在烹调中不应该经常换卤水。

①原料：冰糖、桂皮、草果、甘草、花椒、草豆蔻、八角、小茴、丁香、三奈、生姜、砂仁头、葱、香叶、精盐、料酒、味精、鲜汤、纱布袋。

②制作方法。

a.将所有香料装进纱布袋内，姜拍破，葱挽结，将冰糖砸碎。

b.炒制糖色，将冰糖放进锅中炒至融化成深红色，加入沸水成糖色。

c.锅内加入鲜汤，放入姜、葱、盐、味精、糖色（使汤成浅红色）、香料袋、料酒，用小火煨至香味四溢即成卤水。

③卤水的保管方法：卤水要经常滤去杂质，保持清洁卫生，存放时需要烧沸，除去过多的油脂。不使用时，应该将卤水放在桶里不动，保持通风，如果长期不用也要时常烧沸。

④卤制的适用范围：各种动物性原料及部分豆制品。

（5）菜肴实例

卤猪耳

卤菜在凉菜中占据着十分重要的地位，无论在何时何地都是餐桌上必备的菜肴，尤其是在夏季，一盘香喷喷的卤菜，既是休闲食品，又是佐酒的好菜肴。

材　料	工艺流程	
主　料 猪耳 500 克 **调辅料** 红卤水 3 000 克	**原料初加工** 　　猪耳洗净，烧去表面残毛，刮去黑皮，再放入沸水中焯水备用。 **关键点** 　　黑皮必须刮洗干净，以免影响成菜效果。	图 4.27
	卤制成菜 　　卤水置火上，下猪耳，烧开后打去浮沫，改用小火卤至猪耳熟软。捞出后刷一层香油，晾凉后切成片，摆入盘内即可（也可以打上辣椒粉蘸碟）。 **关键点** 　　使用小火进行卤制，让其充分入味。	图 4.28

成菜特点　色泽棕红，香味浓郁，质地熟软。

适用范围　筵席冷碟及大众便餐，佐酒下饭均可。

思考题

如果一味追求香味而加入太多香料，卤出来的菜肴会有什么影响？

10）糟醉

糟醉是将原料加工成较小的片、块、条，再放入用香糟或醪糟汁加入其他调味品制成的糟味汁中，腌制入味或蒸制成菜的一种烹调方法。如糟醉冬笋、糟醉鱼条、醉鸡等。

（1）工艺流程

选料初加工→原料刀工处理→糟醉成菜

（2）操作要领

①糟醉菜肴一般不适合选用脂肪较多和异味较大的原料。

②在制作糟醉菜肴时一定要将碗口封住。如果上笼蒸制过的，一定要等菜肴冷却后再撕去封口纸，以避免糟香随热气散发。

（3）成菜特点

糟香味浓，色泽淡雅，口味清鲜。

（4）菜肴实例

糟醉春笋

春笋是春季的时令蔬菜，适合于多种烹调方法，炒、拌、焖、烧等都可以使用。"糟醉春笋"是将春笋与醪糟配合使用，使成菜具有浓郁的糟香味，为春季中高档筵席的常备凉菜。

材　料	工艺流程
主　料 春笋 500 克 **调辅料** 精盐 3 克 醪糟汁 70 克 花椒 1 克 土鸡油 30 克 姜 15 克 葱白 20 克 鲜汤 200 克	**刀工成形** 　　春笋去净外壳，去掉质老的头部，放入沸水中煮 20 分钟左右，捞出用凉水透凉。将春笋切成两段，每段长约 6 厘米。再将每段对剖，笋尖部分保持原形，后半段切成刷把形。 图 4.29 **关键点** 　　为了去除春笋的苦涩味道，在正式烹调前一定要进行煮制。

续表

材　料	工艺流程
	糟醉成菜 　　将春笋放入碗内，加入精盐、醪糟汁、花椒、葱白、姜片、土鸡油、鲜汤，拌匀后碗口封上草纸，上笼蒸制约20分钟取出。待冷却后去掉草纸，晾凉后整齐地放入碗内，淋上少许原汁即可。  图 4.30
	关键点 　　此菜做好后不宜放置太长时间，应现做现吃，以保证菜肴的品质。

成菜特点　色泽淡雅，糟香浓郁，质地细嫩。

适用范围　中高档筵席的冷碟使用。

在制作糟醉春笋中，最重要的步骤有哪些？

4.2.2　热菜烹调方法及运用

1）炒

炒是将切配后的丁、丝、片、条、粒等小型原料，用中油量或少油量，以旺火快速烹制成菜的烹调方法。

炒分为滑炒、软炒、生炒、熟炒4种。

（1）滑炒

滑炒是采用动物性原料做主料，加工切配成丁、丝、片、条、粒和花形，再经码味上浆，在旺火上以中油量滑油或小油量快速烹制，最后用兑汁芡或勾芡成菜的烹调方法。滑炒的菜肴具有柔软滑嫩，紧汁亮油的特点，常用的主料有鸡、鱼、虾和瘦猪肉等。

①工艺流程。

码味上浆→兑好芡汁或味汁→滑油翻炒→收汁成菜

②操作要领。

a.原料是滑炒菜肴的物质基础。滑炒的原料，特别是主料，要求鲜活、细嫩、无异味，选择优质的部位，如猪、牛、羊的里脊和细嫩无筋的肥瘦肉、鸡的胸脯肉、鲜活的鱼虾等。

b.刀工熟练，原料规格一致。

c.码味上浆是保证菜肴滑嫩的关键。

d.滑炒要求火力旺、操作速度快、成菜时间短,需事先在碗内兑好芡汁,以确定菜肴最后的味型。

e.处理好原料数量与芡汁、油量的关系。

③成菜特点。

a.收汁亮油。

b.质地柔软滑嫩,清爽适口。

c.口味变化多样。

④菜肴实例。

辣子肉丁

"辣子肉丁"为典型的滑炒类菜肴,在此菜肴中重用了泡辣椒并突出其酸辣味而出名。因其口味和颜色较为浓厚,故适宜大众便餐和中低档筵席的热菜,佐酒下饭均可。辣子肉丁具有色泽红亮、质地细嫩、鲜香带酸的特点而深受食客的青睐。

材　料	工艺流程
主　料 猪瘦肉 150 克 **调辅料** 去皮莴笋 50 克 泡辣椒末 20 克 姜片 4 克 蒜片 5 克 葱丁 10 克 精盐 2 克 味精 2 克 料酒 5 克 酱油 5 克 醋 5 克 白糖 1 克 鲜汤 20 克 水淀粉 20 克 精炼油 40 克	**原料初加工** 　　将去皮莴笋切成 1.2 厘米见方的丁,猪肉用刀跟戳一遍,切成 1.5 厘米的丁。装入碗内用精盐、料酒、水淀粉拌匀。 **关键点** 　　将猪肉用刀跟戳一遍后再切,易于成熟入味,切丁大小均匀。莴笋切丁应大小均匀见方。 **滋汁调制** 　　将精盐、酱油、味精、醋、白糖、鲜汤、水淀粉调成咸鲜带酸的芡汁。 **关键点** 　　掌握好调味芡汁中有色调味料的组配比例,在烹调中泡辣椒的用量较大。为了不掩盖其色泽,整个滋汁的色泽宜浅。  图 4.31 **炒制成菜** 　　锅内烧油至七成热时,放入肉丁炒至散籽发白,放泡辣椒末炒香上色,加入姜片、蒜片、葱丁、莴笋丁炒至断生,烹入滋汁,待收汁亮油后起锅装盘成菜。  图 4.32 **关键点** 　　肉丁烹制中以炒断生后再加入辣味调味料,但要控制好肉丁的成熟火候,否则肉丁质地会变老,影响口感。泡辣椒的酸味经长时间加热会消失,所以炒泡辣椒的时间不宜过长。

成菜特点　色泽红亮，肉丁细嫩，辅料脆嫩，味咸鲜微带酸。

适用范围　大众便餐及中低档筵席，佐酒下饭均可。

思考题

1. 滑炒类菜肴一般适合什么原料？

2. 如果没有泡辣椒，可以用什么原料代替？

（2）生炒

生炒又称煸炒，生煸。它是指将切配后的小型原料，不经上浆、挂糊，直接下锅，用旺火热油快速炒制成菜的烹调方法。生炒的菜肴具有鲜香嫩脆、汁薄入味的特点。生炒的主料一般都选用新鲜质嫩的蔬菜原料，也可选用细嫩无筋的猪、羊肉。

①工艺流程。

加工原料→生炒烹制→起锅成菜

②操作要领。

a. 高温快炒保持色鲜脆嫩。

b. 掌握好原料的投放顺序。单一原料可以一次性加入，但两种或两种以上的原料就应该根据原料的质地、口味等分先后下锅烹制。

c. 生炒原料不码味、不上浆、不挂糊、不拍粉，起锅时不勾芡。

d. 起锅成菜要及时，菜肴的汤汁要少。

③成菜特点。

a. 质地脆嫩。

b. 汤汁较少，菜吃完后，盘中只有淡淡的一层薄汁。

c. 口味以咸鲜为主。

④菜肴实例。

盐煎肉

"盐煎肉"又称生爆盐煎肉，是生炒类菜肴的典型代表品种，不上浆、不挂糊、不勾芡直接炒制成熟。盐煎肉是四川家喻户晓的经典名菜。配以家常味型，具有制作简单、色泽棕红、咸鲜微辣、干香滋润的特点，深受人们喜爱。

材　料	工艺流程
主　料 猪后腿肉 200 克 **调辅料** 蒜苗 50 克 豆豉 10 克 郫县豆瓣 20 克 酱油 3 克 精盐 0.5 克	**原料初加工** 　　猪肉去皮切成长 5 厘米、宽 3.5 厘米、厚 0.15 厘米的片，蒜苗切成 2.5 厘米长的"马耳朵"，郫县豆瓣剁细。 **关键点** 　　选用肥瘦相连的猪后腿肉最好，切出的肉片要厚薄均匀，大小一致。 图 4.33

续表

材　料	工艺流程
味精 2 克 料酒 3 克 精炼油 40 克	**炒制成菜** 　　将炒锅置旺火上，放入油烧至六成热时，放入肉片略炒几下后，加少许精盐反复煸炒出油。放郫县豆瓣、豆豉炒香至油呈红色时，再放酱油、蒜苗炒断生出香味，起锅装盘成菜。  图 4.34 **关键点** 　　炒肉片时先用旺火，后用中火，煸炒至干香滋润。去皮肉片，不用码味上浆。蒜苗不宜炒久，以断生出香味为好。

成菜特点　色泽棕红，干香滋润，咸鲜微辣。

适用范围　大众便餐，佐酒下饭均可。

如果在炒盐煎肉时不去皮会有什么影响？

（3）熟炒

熟炒是指经初步熟处理的原料，再经切配后不上浆、不码味、不兑芡汁，用中火热油，加调入料炒制成菜的烹调方法。熟炒的主料一般都选用新鲜无异味的家畜肉及香肠、腌肉、酱肉等肉制品，辅料用青蒜、大蒜、柿子椒、蒜薹、鲜笋等香味浓郁、质地脆嫩的原料。

①工艺流程。

熟处理原料→刀工配料→熟炒烹制

②操作要领。

a.熟炒原料的选择，猪肉最宜用坐臀肉，牛羊肉以肉质嫩中带脆性较好，如胸口肉、上脑肉等，家禽用公鸡或仔母鸡，才有良好的口感，肉制品的肥瘦比例适当，水分不宜太少。辅料一般选用具有芳香物质的配料，如芹菜、蒜苗、蒜薹、大葱、青椒等。

b.根据原料的品种、性质决定其成熟程度，以保证熟炒成菜后的鲜香味和口感。

c.家禽或肉制品原料在水煮或旱蒸前，要修整成利于切片的形状。

d.一般不进行勾芡，也有勾薄芡的，使菜肴略带汤汁。

e.熟炒一般以中火为主，如果数量较多也可以采用旺火。

③成菜特点。

a.成菜见油不见汁。

b.质地柔韧。

c.口味咸鲜爽口，醇香浓厚，有特殊芳香气味。

④菜肴实例。

回锅肉

"回锅肉"在四川又称"熬锅肉"，是一道人人皆知、家家会做的民间传统家常菜。在餐馆内，厨师们在烹调上更加注重原料的选择、刀功的处理、火候的把握、味道的调制，受到了广大食者的喜爱，它是川菜传统菜肴中最为经典的菜肴之一。

材 料	工艺流程
主 料 带皮猪后腿肉 200 克 **调辅料** 蒜苗 50 克 郫县豆瓣 20 克 红酱油 10 克 甜面酱 8 克 精盐 0.5 克 料酒 3 克 白糖 1 克 味精 1 克 精炼油 30 克	**原料初加工** 蒜苗洗净，切成"马耳朵"节，猪肉刮洗干净后放进锅内煮至刚熟，捞出晾凉，切成长5厘米、厚0.5厘米的片，郫县豆瓣剁细。  图 4.35 **关键点** 最好选用肥瘦紧密相连的"二刀肉"，猪肉的火候要掌握好，以刚熟为佳，这样才能使肉片在炒制过程中易起"灯盏窝"。猪肉应晾凉后再切，以免粘刀，便于成形。 **炒制成菜** 将锅置火上，放油烧至六成热时，放入肉片略炒，加少许精盐、料酒。将肉片炒香呈"灯盏窝"形，加入郫县豆瓣炒香上色，再放进甜面酱炒香。依次放入红酱油、白糖炒匀，加入蒜苗炒至断生，起锅装盘成菜。  图 4.36 **关键点** 肉片一定要煸炒出香味，甜面酱易粘锅。炒时应注意勤于翻炒，掌握好郫县豆瓣和甜面酱的用量，避免成菜后味道偏咸。

成菜特点 色泽红亮，香味扑鼻，咸鲜微辣回甜，肥而不腻。

适用范围 大众便餐及风味筵席热菜。

思考题

试比较"回锅肉"和"盐煎肉"的异同点。

（4）软炒

软炒是将经过加工成流体、泥状、颗粒的半成品原料。先与调味品、鸡蛋、淀粉调成泥状或半流体，再用中火热油匀速翻炒，使之凝结成菜的烹调方法。软炒的菜肴具有形似半凝固或软固体，细嫩软滑或酥香油润的特点。软炒的主料一般选用鸡蛋、牛奶、鱼、虾、鸡肉、鲜豆、干豆、薯类等，辅料选用火腿、金钩、蘑菇、果脯、蜜饯等。

①工艺流程。

原料加工→调制半成品→软炒成菜

②操作要领。

a. 软炒的原料入锅前，需预先组合调制完成，根据主料的凝固性能，掌握好鸡蛋、淀粉、水分的比例，使成菜后达到半凝固状态或软固体的标准。

b. 在炒制之前，应该先炙好锅。

c. 将原料捣成泥状。

d. 火候把握准确，先用旺火烧锅，原料下油锅后，转用中小火炒制。

③成菜特点。

a. 软炒菜肴无汁，形似半凝固状或软固体状。

b. 口味主要以咸鲜和甜香为主。

c. 质地细嫩滑软或酥香油润。

④菜肴实例。

雪花桃泥

"雪花桃泥"是软炒类菜肴的代表品种。作为一道甜菜，常常出现在热菜里面，成菜具有香甜滑嫩、滋润爽口、色形兼具的特点。

材　料	工艺流程
原　料 玉米粉 50 克 核桃仁 20 克 鸡蛋 2 个 橘饼 15 克 蜜樱桃 15 克 蜜枣 15 克 瓜条 15 克 精炼油 80 克 白糖 70 克 清水 400 克	**原料初加工** 　　核桃仁用沸水烫泡去皮、炸酥，与橘饼、蜜枣、瓜条分别剁成黄豆大的颗粒，在大碗内加清水、鸡蛋液调匀成蛋浆。注意留一个鸡蛋的蛋清搅打成蛋泡，即"雪花"。 图 4.37 **关键点** 　　搅打蛋泡时，用力顺着一个方向搅打。核桃仁应去皮，再进行炸制，这样会避免核桃仁皮的苦涩味感。蛋浆的用水量应该适量，不宜加得过多。

续表

材　料	工艺流程
	炒制成菜 　　炒锅置火上，放油烧至三成热时，放入玉米粉不断翻炒。炒至水气散发出香味时，倒入调匀的蛋浆，推搅均匀至浓稠。再加油40克，继续推炒至锅内呈"鱼子蛋"出油时，放入白糖，炒至融化。加入各种辅料炒匀起锅装盘，盖上蛋泡，再放上蜜樱桃即成。 图4.38 **关键点** 　　炒玉米粉时，火力宜小，不能炒焦，出香味时，倒入蛋浆。

成菜特点　口味香甜，细嫩滋润爽口，色彩淡雅美观。

适用范围　大众筵席中的甜菜使用。

思 考 题

如果桃泥太干或太稀，该如何补救？

2）爆

爆是将原料剞成花形，先经沸水稍烫或用热油氽炸后烹制，或直接在旺火热油中快速烹制成菜的烹调方法。适合爆的原料多为具有韧性和脆性，如猪腰、肚仁、鱿鱼、墨鱼、牛羊肉、瘦猪肉等。

（1）工艺流程

切花成形→上浆调芡→油氽汤烫→爆制烹汁

①大部分上浆：中油量（油与原料2∶1），放入六至七成热油中，氽炸至翻花断生成形。

②不上浆：将原料放入滚沸鲜汤中，烫至翻花断生成形，捞出爆制成菜。

③不上浆：先将原料放入沸汤内烫至翻花，再放入热油内氽炸至断生成形，沥油爆制成菜。

④码味上浆：将原料放入六至七成热油中直接爆制成菜。

（2）操作要领

①严格刀功，运用不同的技法。

②注意火候，要"三旺三热"，汤烫要旺火沸烫，油氽要旺火热油，爆制定汁要旺火热锅，才能与脆嫩、高温、速成爆菜等要素配合。

③掌握好爆菜技巧。

（3）成菜特点

形态美观，嫩脆清爽，紧汁亮油，味道清淡（以咸鲜为主）。

（4）菜肴实例

火爆腰花

"火爆腰花"是川菜中的一道传统名菜，讲究刀工与火候。在烹制中，将猪腰去筋，用花刀将其切成"眉毛形"或"凤尾形"，快速烹调制熟而成，具有质地脆嫩、咸鲜可口、造型美观的特点。

材　料	工艺流程
主　料 猪腰 1 个 **调辅料** 去皮莴笋 40 克 泡辣椒节 10 克 姜片 3 克 蒜片 5 克 葱 10 克 精盐 2 克 味精 1 克 酱油 4 克 料酒 5 克 胡椒粉 1 克 鲜汤 20 克 水淀粉 15 克 精炼油 50 克	**原料初加工** 　　猪腰去筋膜，剖开两半后去腰臊洗净，在破刀面切成 0.4 厘米深的横斜纹。再横着斜纹直锲切成三刀一断的凤尾形，莴笋切成长 4 厘米、粗 0.6 厘米的筷子条。用少量精盐码味，葱切成"马耳朵"。 **关键点** 　　猪腰要选用新鲜的，腰臊要去净。猪腰斜划深度应占其厚度的 3/5，直划深度应占其厚度的 2/3，这样成菜后"凤尾形"才能充分显露出来。 **上浆调汁** 　　将精盐、味精、料酒、酱油、胡椒粉、鲜汤、水淀粉调成咸鲜味滋汁，将腰花用精盐、料酒、水淀粉拌匀。 **关键点** 　　烹调前将腰花码味上浆，久码容易吐水。  图 4.39 **炒制成菜** 　　炒锅置旺火上，放油烧至六成热时，加入腰花爆炒至散籽断生。放入泡辣椒节、姜蒜片、"马耳朵"葱炒出香味，加入莴笋条炒匀，烹入咸鲜味滋汁。待收汁亮油后推匀，起锅装盘成菜。  图 4.40 **关键点** 　　整个过程都要求旺火、高油温、快速烹制。

成菜特点　色泽呈浅棕黄，质地脆嫩，条形均匀如凤尾，味咸鲜。
适用范围　大众便餐。

 思考题

腰花在进行刀工处理时，需要注意哪些方面的问题？

3）熘

熘是将切配后的丝、丁、片、块等小型或整型（多为鱼虾禽类）原料经油滑，或油炸，或蒸、煮的方法加热成熟。再用芡汁裹或浇淋成菜的烹调方法。

（1）鲜熘

鲜熘是将切配成形的原料码味，上蛋清淀粉浆后，经油滑至断生或刚熟，倒出余油，烹入芡汁成菜的方法。适宜于滑溜的主料有：精选的家禽、家畜、鱼虾等净料。

①工艺流程。

加工切配→码味上浆→滑油熘制

②操作要领。

a.刀工要求原料断料，不能连刀，调制蛋清时，淀粉要干稀适度。上浆时，稀稠厚薄恰当，并抖散放入油锅，有利于滑散原料。

b.滑油要求色白、干净、无异味，防止油脂污染菜肴的色泽和口味。滑油要淹没原料，油量的多少与原料的多少成正比。

c.油温以烧至三至四成热为宜。

d.鲜熘的菜肴芡汁要略多且稍稀，给人以柔软的感觉。

e.鲜熘的菜肴味型一般以咸鲜味和甜酸味为主，原料码味要准确，过咸或过淡都会影响复合味型。

③成菜特点。

a.明汁亮油。

b.滑嫩鲜香，清淡醇厚。

④菜肴实例。

鲜熘鸡丝

"鲜熘鸡丝"采用鸡脯作为主要原料，并配以3种不同颜色的辅料，运用鲜熘的烹调方法烹制成菜。成菜之后汁白肉嫩、清淡爽口。

材 料	工艺流程
主 料 鸡脯肉 150 克 **调辅料** 熟冬笋 25 克 番茄 20 克 丝瓜 50 克 蛋清淀粉 30 克 精盐 3 克 味精 1 克 胡椒粉 1 克 料酒 10 克 鲜汤 30 克 精炼油 500 克（约耗 70 克） 水淀粉 10 克	**原料初加工** 　将鸡脯肉切成长 8 厘米、粗 0.3 厘米的丝，丝瓜去瓤在沸水中烫熟，切成二粗丝，熟冬笋、番茄也切成二粗丝。 **关键点** 　辅料不宜过多，注意三丝原料与主料的比例，鸡丝的刀工处理要均匀，以免影响成菜效果。　　　图 4.41 **上浆调汁** 　鸡丝加精盐、料酒、蛋清淀粉拌匀。将精盐、味精、胡椒粉、料酒、鲜汤、水淀粉调成咸鲜味滋汁。

续表

材　料	工艺流程
	关键点 　　蛋清淀粉的浓度要控制好，过稠鸡丝不易炒散且质老，过稀鸡丝不够洁白。
	炒制成菜 　　锅置火上，放油烧至二三成热时，放入鸡丝滑散，倒出余油，放入冬笋丝、丝瓜丝炒匀，倒入咸鲜味滋汁，待收汁后，放入番茄丝推匀，起锅装盘成菜。 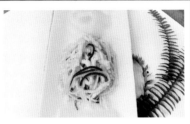 图 4.42
	关键点 　　烹调中火力不宜过大，西红柿入锅后不宜久炒，以免脱色，成菜后菜肴油量不宜过大。

成菜特点　鸡丝洁白细嫩，色彩丰富，味鲜美。

适用范围　大众筵席及零餐。

思考题

鲜熘菜肴在挂糊上浆的环节中应该注意哪些方面的问题？过油应该采取什么方式？

（2）炸熘

将切配成形的原料，经码味、再挂糊或拍粉，或先蒸至软熟不挂糊、拍粉，放入热油锅炸至外香酥脆松，内鲜嫩熟软，然后浇淋或粘裹芡汁成菜的方法。适用于炸熘的原料有：鱼虾、牛肉、羊肉、猪肉、鸡、鸭、鹅、鹌鹑、兔、土豆等，应选用新鲜无异味、质地细嫩的原料。

①工艺流程。

切配码味→挂糊拍粉→油炸酥脆→调熘汁

②操作要领。

a.原料规格一致，刀工处理精细。

b.控制好糊粉干稀厚薄。

c.掌握好油温，将初炸、上浆、挂糊的原料，用中火温油匀速炸至断生、定型，即可捞出。复炸要用旺火，炸至酥脆，并立即淋汁成菜，以保证炸熘菜肴的风味特色。

d.忌用糖分高的原料码味。

e.勾兑在碗内的调味品应该比例恰当，调味准确。

f. 制作好的菜肴应及时上桌，否则外皮一软风味尽失。

③成菜特点。

a. 色泽金黄，油亮艳丽。

b. 口味以咸鲜微酸、酸甜咸鲜为多。

c. 质感外焦香酥脆、里鲜嫩可口。

④菜肴实例。

糖醋脆皮鱼

"糖醋脆皮鱼"是典型的炸熘菜肴，配以糖醋味汁，外焦里嫩，酸甜适口，造型美观，是节日宴会、宴请朋友的主角菜肴。

材　料	工艺流程
主　料 草鱼一尾约 750 克 **调辅料** 葱丝 20 克 姜末 10 克 蒜末 15 克 料酒 10 克 精盐 6 克 白糖 40 克 醋 35 克 酱油 10 克 味精 1 克 香油 10 克 鲜汤 200 克 水淀粉 150 克 精炼油 1 500 克（约耗 100 克）	**原料初加工** 　　草鱼经过初加工后在鱼身两侧各剞 5~7 刀，刀距呈牡丹花纹（先直刀划进鱼身 1 厘米深。再平刀划向鱼头 2.5 厘米深），在碗内放入精盐、料酒、姜、葱调匀，抹在鱼身两侧码味 15 分钟左右。 **关键点** 　　选用新鲜的草鱼，划刀刀距相等，深浅一致，不伤鱼刺。码味时间不宜太长，以免鱼肉大量吐水而显得软榻。
	挂糊炸制  　　炒锅置旺火上，放油烧至七成热。鱼用水淀粉挂糊后，手提鱼尾，鱼头朝锅内，先舀锅内烫油，由上往下烫制定形。再将鱼腹贴锅壁，滑入油中，炸至成熟捞出。待 图 4.43 油温回升至七成热时，再将鱼放入油锅。复炸至色金黄捞出，将鱼腹贴盘底，平放于盘中。 **关键点** 　　挂糊要厚薄均匀，油炸要分两次进行，第一次定型，第二次炸至皮酥。
	调制滋汁 　　将精盐、味精、酱油、醋、水淀粉、白糖、鲜汤放入碗内，调成糖醋滋汁。 **关键点** 　　滋汁的浓度和色泽都要控制好，浓芡、茶色。

续表

材 料	工艺流程
	熘制成菜 　　锅置旺火上，放油烧至五成热时，加姜末、蒜末炒香，烹入滋汁，推均匀。待汁收浓起小泡时，放入香油，淋在鱼身上，撒上泡椒丝、葱丝即成。 图 4.44 **关键点** 　　芡汁以糊芡为佳。

成菜特点　色泽棕黄，外皮酥脆，肉质细嫩，甜酸浓郁，造型美观。

适用范围　中低档筵席及零餐。

思考题

1. 为什么说做好的脆皮鱼要及时食用？
2. 炸熘菜肴的操作要领是什么？

4）干煸

干煸是指将切好配好的原料，以小油量、中火或旺火热油，入锅不断翻拨，至见油不见水汁时，加调辅料继续煸至干香，使之滋润成菜的烹调方法。

（1）工艺流程

加工切配→滑油干煸→干煸烹制

（2）操作要领

①干煸菜肴的主料，一般在下锅之前用调料略腌一下。

②注意火候：干煸的菜肴所用的火力一般是先大后小。

③干煸一般适合纤维较长、组织结构紧密的动物性原料和含水量较少的根茎、豆类原料。

（3）成菜特点

①成菜色泽多为深红色。

②口味以咸鲜为主，略带麻辣。

③干香酥脆，不带汤汁。

（4）菜肴实例

干煸四季豆

"干煸四季豆"是一道四川的家常菜肴。其口味干香辣爽，开胃下酒，制作简单。

四季豆营养价值丰富，口味清新，质地脆嫩，是老百姓餐桌上的常用原料。

材　料	工艺流程
主　料 四季豆 200 克 **调辅料** 猪肉臊 50 克 芽菜 15 克 干花椒 2 克 干辣椒节 5 克 葱花 10 克 精盐 2.5 克 味精 1 克 香油 2 克 精炼油 500 克（约耗 50 克）	**原料初加工** 　　将四季豆去筋，洗干净切成长 5 厘米的节，芽菜切细。 **关键点** 　　四季豆一定要去筋，以免影响口感。刀工处理时，保持长短一致。  图 4.45 **煸炒成菜** 　　炒锅置火上，放油烧至五六成热时，放入四季豆过油至断生、皱皮时起锅。锅中留少许油，放入干花椒、干辣椒节炒出香味，加入四季豆、肉臊、芽菜、精盐继续煸炒。待炒出香味，放入味精、香油、葱花，起锅装盘成菜。  图 4.46 **关键点** 　　四季豆过油时务必要断生。同时，应保持其色泽，煸炒时间不宜过长。

成菜特点　色泽碧绿，质感干香细嫩，味咸鲜香浓。
适用范围　大众便餐及中低档筵席。

思考题

如果四季豆没有炒熟会有什么后果？

5）炸

炸是指将初加工处理的原料放入大油量的油锅中进行加热，使成品达到或焦脆、或软嫩、或酥香等不同质感的烹调方法。将主料炸制成熟后，一般随带辅助调味品上桌（如番茄沙司、椒盐、辣椒油等）。

（1）油炸分类

①清炸：是指将原料进行刀工处理后，不上浆、不挂糊，只用调味品码味腌渍，直接下油锅加热成菜的一种烹调方法。

特点：外脆里嫩，口味清香。

②干炸：又称焦炸，是指主料经过刀工处理之后用调味品腌渍，然后拍粉或挂水粉糊，下油锅炸成内外干香而酥脆的烹调方法。

特点：颜色较深、质地干香酥脆。

③软炸：是指将加工好的原料挂软糊（通常将鸡蛋和淀粉或面粉调成的糊叫软糊，将水和淀粉或面粉调成的糊叫硬糊），再用油将其加热制成软嫩或软酥质感菜肴的烹调方法。

特点：色泽金黄或浅黄、外表略脆里面软嫩、口味鲜香。

④酥炸：是指将加工好的原料挂酥炸糊（发粉糊）炸制，或将加工好的原料，经煮熟或蒸熟之后，直接挂糊炸制使成品具有酥香质感的烹调方法。

特点：色泽金黄、生料挂酥炸糊的菜肴表面涨发饱满，松酥香绵；煮熟炸制的菜品质地肥嫩，酥烂脱骨。

⑤脆炸：是指将主料与配料加工后一起调味，用膜状的原料（如豆皮、腐皮、网油等）包卷裹制后，直接放入油锅中炸制或外面挂一层水淀粉再炸制，或带皮的整形主料如鸡、鸭等表面涂饴糖或蜂蜜后进行炸制的烹调方法。

特点：色泽金黄、口味咸鲜干香、质地外脆而内鲜嫩。

⑥粘裹碎料炸：是指先将加工的原料经腌渍、拍粉、粘挂蛋液，再粘上碎发品或粉状物品（面包糠、面包粉），最后放入油锅中炸制的烹调方法。

特点：色泽金黄，外表酥松，主料鲜嫩。

（2）菜肴实例

炸酥肉

"炸酥肉"在川式菜点中运用非常广泛。"炸酥肉"具有外酥内嫩，口味鲜香的特点，成菜之后可配以辅助调味品（如椒盐、番茄沙司）上桌，或者配以其他原料进行炖制、蒸制食用。

材　料	工艺流程
主　料 猪五花肉 300 克 调辅料 鸡蛋 3 个 淀粉 100 克 精盐 5 克 酱油 4 克 料酒 5 克 花椒粉 2 克 姜 40 克 葱 40 克 精炼油 1 000 克（约耗100 克）	**原料初加工** 　　将猪肉洗净，切成长 4 厘米、厚 0.5 厘米的条，用精盐、料酒、姜、葱码味。将鸡蛋、淀粉、花椒粉、酱油放入碗内调成糊状。码味的猪肉拣去姜葱放入糊内，让糊均匀地粘裹在肉条表面。  图 4.47 **关键点** 　　肉不要切得太厚，以免影响其成熟效果。糊不能太稀，太稀会粘裹不上肉条，糊的粘裹要均匀。

续表

材 料	工艺流程
	炸制成菜 　　锅置火上，放油烧至六成热时，将粘裹好糊的肉条依次放入油锅中炸至定型。捞出后，待油温回升到七成热时，再放入肉条炸至金黄、成熟，捞出装盘成菜。  图 4.48 **关键点** 　　炸制时，要控制好油温，两次炸制要分别达到目的，特别是复炸时要炸至外表金黄。吃的时候可以配上椒盐味碟或番茄沙司，或者可以加其他原料进行炖制或蒸制食用。

成菜特点　色泽金黄，外酥内嫩，口味鲜香。

适用范围　大众便餐，佐酒下饭均可。

思考题

"炸酥肉"最应该注意的几个方面是什么？

6）贴

贴是指将几种刀工成形的原料进行码味后，黏合在一起，呈饼状或厚片状，放在锅中煎熟，使贴锅的一面酥脆，另一面软嫩的烹调方法。贴法具有色形美观，菜肴底面油润酥香，表面鲜香细嫩的特点，适用于鸡肉、鱼、虾、猪肉、豆腐等原料。

（1）工艺流程

原料刀工处理→腌制入味→码叠造型→煎制成菜

（2）操作要领

①选料切配：主料一般选用细嫩的猪里脊肉、虾肉、鸡脯肉、鱼肉等，刀工成形一般是长方片或肉蓉状。

②掌握好火候：一般采用中小火进行煎制。

③煎制时油量不能太多。

（3）成菜特点

①一面金黄，一面多为白色，黄白相间。

②一面酥脆，一面软嫩。

③味咸鲜，清香可口。

（4）菜肴实例

锅贴鱼片

"锅贴"是川菜的烹调技法，常常运用于菜肴和面点之中。"锅贴鱼片"将吐司面包和鱼片同煎，成菜具有色泽金黄、底面酥脆、咸鲜味美的特点。

材　料	工艺流程
主　料 草鱼1尾（约重800克） **调辅料** 荸荠70克 吐司面包1条（约重200克） 鸡蛋清100克 熟火腿70克 卷心莲白菜100克 精盐3克 味精1克 白糖15克 醋12克 香油20克 料酒5克 干细淀粉50克 精炼油100克	**原料初加工** 　　荸荠去皮洗净和火腿分别剁成米粒状，莲白菜切成细丝。吐司面包修去四周黄皮，切成长5厘米、宽4厘米、厚0.5厘米的片共计14片。鱼初加工后取用鱼片肉，将鱼肉切成长4.8厘米、宽3.7厘米、厚0.2厘米的片14片。  图4.49 **关键点** 　　吐司面包具有韧性，切时应该采用锯切的方法，做到边角整齐不碎。面包的厚薄要根据其新鲜程度而定，一般新鲜面包应稍厚一些。 **抹糊制坯** 　　将蛋清、干细淀粉、精盐、味精调成蛋清淀粉，抹在面包片上。放上火腿粒、荸荠粒贴牢，鱼片加精盐、料酒、蛋清淀粉拌匀后，平铺在火腿粒、荸荠粒上贴牢，做好后逐一平摆放入撒有干淀粉的盘内。 **关键点** 　　制坯时，每层原料应该均匀粘牢，其整体的厚度和造型应该尽量做到一致，成菜后才整齐美观。 **贴制成菜** 　　锅置旺火上，先用油把锅炙好，倒去炙锅油，将粘贴好的鱼片放入锅中摆好。用小火煎至面色金黄，鱼片熟时，去油，淋上香油，起锅装入盘的一端。莲白菜丝与精盐、醋、味精、白糖、香油拌匀放在盘子另一端即成。  图4.50 **关键点** 　　注意贴制时的油温和火候，面包酥脆、鱼片刚熟即可。

　　成菜特点　面包金黄，鱼片色白，味咸鲜，菜肴形状大小一致，糖醋生菜甜酸可口。

　　适用范围　大众便餐及筵席使用。

思考题

如果在贴的过程中油量太多会怎么样?

7)蜜汁

蜜汁是指白糖、蜂蜜与清水溶化收浓,放入加工处理的原料,经熬或蒸制,使之甜味渗透、质地酥糯,再收浓糖成菜的烹调方法。适用于香蕉、白薯、火腿、桃、莲米、苹果、南瓜等。

(1)工艺流程

刀工处理→熬糖→放糖上笼蒸制→收浓原汁,淋于原料之上

(2)操作要领

①选料:蜜汁的菜肴选料广泛,除水果外还可选用干果(莲子等)、蔬菜类(莲藕、山药)、薯类(红薯等)、腌腊制品、火腿、家畜、燕窝、银耳等。

②刀工处理:水果类去皮,并防止褐变,莲子等去芯,原料加工成条、片、块、球等形态居多。

③熬制糖浆:糖浆熬制采用小火,避免熬糊,影响口味。糖浆的浓度适宜。

(3)成菜特点

①色泽美观,形态丰富多彩,带有较多糖汁。

②清甜细润,浓香软糯。

(4)菜肴实例

蜜汁南瓜

"蜜汁南瓜"是筵席中的常备甜菜。将南瓜采用蒸的方法,香甜软糯、造型美观,深受食客的喜爱。

材　料	工艺流程
主　料 南瓜1 000克 **调辅料** 冰糖300克 蜂蜜30克 清水适量	**原料初加工** 　　将南瓜去皮,去籽,洗净后,切成花瓣状,装在碗内呈风车形,淋上适量的汤水,放入笼蒸至熟软后出笼,晾凉后放入冰箱进行冷藏。 **关键点** 　　装盘要精细,以免出菜后影响造型。蒸制时使用大火,让南瓜㸆软。 图 4.51 **熬制糖液** 　　冰糖加入清水用中小火进行熬制,熬稠后加入蜂蜜调匀成糖汁,再放进冰箱进行冷藏。

续表

材　料	工艺流程
	关键点 　　熬糖的火候要适宜，不能熬焦，蜂蜜应等糖汁晾凉后加入，因为高温会引起蜂蜜的分解变化，从而降低其营养价值。
	淋汁成菜 　　将冷藏好的南瓜淋上冰镇糖汁即成。  图 4.52

成菜特点　造型美观，质地柔软，香甜可口。
适用范围　适合筵席的甜菜使用。

思考题

在熬制糖液时加入清水，清水能起到什么作用？

8）烘

烘主要用于各种蛋品烹制的菜肴。烘是指将鸡蛋调好的浆汁放入适量的油锅中加上锅盖，先中火后小火使之松泡、成熟的烹调方法。如椿芽烘蛋、鱼香烘蛋、泸州烘蛋。

（1）工艺流程

原料初加工→调制蛋液→烘制成菜

（2）操作要领

①注意火候的掌握，对于烘这一烹调方法，火候是关键。

②注意选料：烘一般多用于蛋类菜肴的制作。

（3）成菜特点

色泽美观，皮酥香，质地松泡。

（4）菜肴实例

泸州烘蛋

"烘"在川菜制作工艺中独具特色。"泸州烘蛋"为四川地方菜肴，它将鸡蛋浆放于锅中用微火加盖烘至松泡，其成菜色泽金黄、外酥内嫩、口感独到。

续表

材　料	工艺流程
主　料 鸡蛋 5 个 **调辅料** 面粉 20 克 水淀粉 100 克 精盐 5 克 胡椒粉 0.5 克 清水 200 克 化猪油 1 200 克（约耗 100 克）	**调制蛋液** 　　将鸡蛋去壳放入碗中，加精盐、面粉、水淀粉、胡椒粉、清水，用筷子调和成较稀的蛋浆。 **关键点** 　　掌握好蛋浆的浓稠程度。  图 4.53
	烘制处理 　　将炙好油的锅放在微火上，放油烧至四成热时，下入蛋浆摊为饼状，待蛋浆变稠时，将锅边的蛋皮向中心叠成方形。待底面呈黄色时翻面再烘，至两面金黄时铲起，改刀成边长为 3 厘米的菱形块。 **关键点** 　　刚下锅的蛋液切忌用力去推，以免影响成形，收边必须在蛋液凝固前进行，否则收不拢。控制好火候，防止贴锅面的蛋皮烧焦。
	复炸成菜 　　炒锅另放油烧至五成热时，加入蛋块炸至体泡金黄色，捞出装盘即可。 **关键点** 　　油炸的温度应保持在 120～160℃为宜，下油锅后不宜久炸，以免内部发硬。  图 4.54

成菜特点　色泽金黄，外酥内嫩，咸鲜可口。
适用范围　大众便餐。

思考题

试分析烘制类菜肴在选料上有什么要求？

9）**拔丝**

拔丝是指经油炸的半成品，放入由白糖熬制能起丝的糖液内粘裹挂糖成菜的烹调方法。

（1）工艺流程

选料加工→挂糊炸→熬糖拔丝

（2）操作要领

①拔丝时让原料保持一定的温度。

②熬制糖液可用清水、油脂熬糖。

③成菜后立即上桌，趁香脆及时食用。

（3）成菜特点

色泽金黄，糖丝多而长，外壳脆而甜，主料清香可口。

（4）菜肴实例

拔丝香蕉

拔丝是一种富有情趣、技术性较强的烹调技法，所制作的菜肴一般都是热吃，边吃边拔丝，别有一番风味。"拔丝香蕉"成菜颜色金黄、外脆内酥软、甜香可口。

材　料	工艺流程
主　料 香蕉2根 **调辅料** 面粉15克 干淀粉45克 鸡蛋2个 白糖100克 精炼油1 200克（约耗70克）	**原料初加工** 　　将面粉、干淀粉、鸡蛋液调匀，再加油15克调制成脆浆糊。 **关键点** 　　调制的脆浆糊中应没有淀粉颗粒。  <div align="right">图4.55</div>
	挂糊炸制 　　香蕉剥皮切成滚料块。锅置火上，放油烧至五成热时，将香蕉逐个挂上糊，放入油锅中炸至定形捞出，用油锅内的油淋一下稍后装菜的盘子。 **关键点** 　　香蕉选用刚熟质硬的为佳，不宜过早剥皮否则会发生褐变，下锅炸制时，油温不能太低，否则易烂。
	拔丝成菜 　　锅内放少许油，加白糖炒至溶化转为棕黄色时端离火口。放入炸好的香蕉迅速翻炒，使糖液均匀地粘裹在香蕉上。然后装入淋过油的条盘内即成。 **关键点** 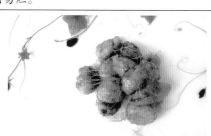 图4.56 　　糖的溶化可以采取油或水，但应注意不能将糖液熬制发苦。可以在上桌时配一碗凉开水，以便食用者用来降低糖的温度，使糖脆甜而不粘牙。

成菜特点 色泽金黄，外脆内酥软，香甜可口，糖丝多而长。

适用范围 大众便餐或一般筵席甜菜。

思考题

如何判断熬制糖液的老嫩程度？

10）炖

炖是指经加工处理的大块或整形原料，放入炖锅或其他陶瓷器皿中掺足热水和调味品，用小火加热至酥烂入味的烹调方法。适合炖菜的原料以鸡、鸭、牛肉、猪肉等为主。

（1）工艺流程

原料初加工→初步熟处理→加汤炖制成菜

（2）操作要领

①炖一般选用肌纤维比较粗老，耐得起长时间加热的大块或整形的鲜料，如鸡、鸭、牛肉等。

②原料在进行炖制之前一般先焯水去除血水和异味。

③炖制菜肴要突出原料的本味，除了加入去异味的姜葱料酒外，一般不加其他香料。

④炖制时，用大火烧沸后，改为小火或微火长时间加热，使原料熟软入味，汤汁鲜美可口。

⑤炖制菜肴的水要一次加足，避免中途再加。

（3）成菜特点

主料香鲜味醇，酥烂入味，汤汁鲜美可口。

（4）菜肴实例

粗粮炖排骨

粗粮富含人体所需的多种维生素和膳食纤维，在当今越来越注重营养健康的社会，粗粮的地位也在提高，深受人们的喜爱。炖菜具有汤汁鲜美可口、主料酥软入味的特点。

材　料	工艺流程
主　料 猪排骨 500 克 **调辅料** 玉米 100 克 胡萝卜 80 克 白萝卜 80 克 莲藕 80 克 青豆 80 克 葱 50 克	**原料初加工** 　　将猪排骨斩成 5 厘米的段，水中加入料酒和一部分姜、葱，将排骨焯水后捞出待用。将玉米斩成 3 厘米左右的段，莲藕、白萝卜去皮，并连同胡萝卜一起切成滚料块待用。 **关键点** 　　排骨在炖制之前一定要先焯水，去除血污和异味。 图 4.57

续表

材　料	工艺流程
调辅料 姜 50 克 料酒 10 克 精盐 5 克 清水 1 800 克	**炖制成熟** 　　砂锅内加入清水，放入排骨、姜、葱、料酒，用大火烧沸后转用小火，炖制一段时间后加入莲藕再炖。在莲藕五成熟时，加入玉米、白萝卜、胡萝卜、青豆继续炖制，待原料成熟之后放入精盐起锅成菜。 **关键点** 　　原料在放入时一定要有 先后顺序，因为它们的质地不一，如果一起下锅，起锅时有的已经炖透，有的还是生的。在炖制途中，严禁中途再加入清水。  图 4.58

　　成菜特点　汤汁鲜美可口，主料酥软入味，辅料色彩多样，营养丰富。

　　适用范围　大众便餐及筵席使用。

　　11）煮

　　煮是指将原料或经初步熟处理的半成品，切配后放入多量的汤中，先用旺火烧沸，再用中火或小火烧熟调味成菜的烹调方法。鱼、猪肉、豆制品、蔬菜等原料都适合煮制菜肴。

　　（1）工艺流程

　　加工切配→煮制调味

　　（2）操作要领

　　①因为煮制的方法要求成菜速度尽可能快一些，菜肴才有良好的色香味效果，所以原料要细嫩，刀工要一致。

> 川菜中，还有一种水煮的方法，是用鸡、鱼、猪肉、牛肉切片码味上浆，直接滑油后放入调好味的汤中煮熟，勾芡或不勾芡使汤汁浓稠，装碗。先将鲜菜炒熟垫碗底，然后盛入主料，撒上切细的辣椒、花椒末，再泼热油成菜。如水煮牛肉、水煮猪肉、水煮鱼等麻辣风味的系列菜肴，即是用上述方法烹制而成。

　　②煮制菜肴时，可酌用姜、葱、花椒等调味品，能增强除异味的作用，去掉其残渣，以保证菜肴的整洁美观。

　　③要根据原料的种类选用初步熟处理的方式。

　　（3）成菜特点

　　汤菜各半，汤汁较浓，清爽利口。

　　（4）菜肴实例

丸子汤

　　丸子汤为川菜中的汤菜，营养价值丰富。成菜后汤汁清澈、肉质细嫩，深受食客的喜爱。

材　料	工艺流程
主　料 猪肥瘦肉 500 克 **调辅料** 时令蔬菜 250 克 水发黄花菜 50 克 鸡蛋 1 个 精盐 8 克 味精 1 克 胡椒粉 2 克 水淀粉 40 克 姜 2 克 葱 10 克 香油 3 克 酱油 5 克 鲜汤 1 000 克	**原料初加工** 　　将葱切成葱花，黄花菜对剖撕开，姜葱制成姜葱水。猪肉剁蓉加入 3 克精盐、姜葱水、鸡蛋搅拌均匀，再加上水淀粉搅拌。 **关键点** 　　猪肉一定要剁成蓉，加入姜葱水时应该搅打上劲，以免在煮制时散开。  图 4.59 **煮制成菜** 　　锅置灶火上加鲜汤烧沸，移至小火将肉馅挤成肉丸，放入微沸的鲜汤中煮熟捞起。再放时令菜、黄花、胡椒粉、精盐、酱油、味精，烧沸后放入丸子，装入汤碗，淋上芝麻油，撒上葱花即成。 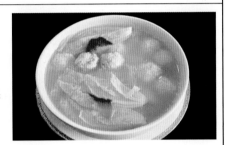 图 4.60 **关键点** 　　挤丸子入锅时保持微沸状态，以免把肉蓉冲散，丸子的大小要均匀，干稀适度。

成菜特点　汤色浅茶色，肉质细嫩爽口，汤味清淡咸鲜，丸子大小均匀。

适用范围　大众便餐及筵席使用。

思考题

1.丸子下锅煮时为什么只能微沸？

2.怎样做到丸子细嫩爽口？

水煮牛肉

　　水煮系列菜品是川菜的经典代表之作，如水煮牛肉、水煮鱼等都很出名。相传水煮牛肉发源于自贡一带，因盐井拉车的牛被淘汰以后价格十分便宜，就被盐工买回家用来煮食。因盐工属于体力劳动者所以口味较重，逐渐加入花椒、辣椒在里面同煮。后经历代厨师改进，就形成了今天的水煮牛肉这道菜肴。其口味麻辣鲜香、肉质细嫩深得客人的喜爱。

材　料	工艺流程
主　料 牛柳肉 250 克 **调辅料** 莴笋尖 100 克 芹菜 100 克 蒜苗 100 克 姜末 15 克 蒜末 30 克 葱花 10 克 郫县豆瓣 50 克 干辣椒 30 克 干花椒 10 克 精盐 3 克 味精 2 克 酱油 15 克 料酒 10 克 白糖 5 克 水淀粉 50 克 鲜汤 400 克 精炼油 150 克	**原料初加工** 　　牛肉洗涤切成薄片。莴笋尖洗涤切成长 6 厘米的薄片，蒜苗、芹菜择洗后切成长 5 厘米的段，郫县豆瓣剁细。锅内放少量油，将干辣椒、花椒炒香，再用刀加工成细末。将肉片与精盐、料酒、水淀粉拌匀。  图 4.61 **关键点** 　　牛肉码芡时水淀粉应该稍多一些，牛肉吃水要足，这样成菜后肉质才细嫩。将炒过的干辣椒和花椒一起剁成细末，俗称"刀口煳辣面"。应掌握好油温，避免炒焦。 **辅料加工** 　　炒锅置旺火上，放少量油烧至六成热时，放入莴笋尖片、蒜苗段、芹菜段炒至断生起锅装入汤碗或凹盘内。 **关键点** 　　辅料的熟处理可以采用炒或焯水的方法加热至刚熟断生为佳。 **煮制成菜** 　　锅内另放油、郫县豆瓣炒香出色，加汤、酱油、精盐、白糖烧沸。放入肉片、味精煮至肉片刚熟，起锅装入熟辅料碗内。撒上双椒末、姜末、蒜末，锅内另放入油烧至七成热。将烧烫的热油淋浇于碗内菜肴上面，撒上葱花即成。  图 4.62 **关键点** 　　牛肉下锅后，不宜立刻翻动，以免脱浆，影响口感。淋浇的烫油温度宜高。

　　成菜特点　色泽红亮，肉片鲜嫩，辅料清香，咸鲜麻辣味浓。
　　适用范围　大众便餐及一般筵席。

思考题

水煮肉片、牛肉、鸡片在刀工处理上有什么不同？

12）烧

　　烧是指将经切配加工熟处理（炸、煎、煸、煮）的原料，加适量的汤汁和调味品，先用旺火烧沸，再用中火或小火烧透至浓稠入味成菜的烹调方法。烧可分为红烧、白烧、干烧、酱烧、葱烧、家常烧（辣烧）。

（1）红烧

红烧是指将切配后的原料，经过焯水或炸、煎、炒、煸等方法制成半成品，放入烧菜专用器皿，加入鲜汤旺火烧沸，去浮沫，再加入调味品、糖色等，改用中火或小火，烧至熟软汁浓，勾芡（或不勾芡）收汁起锅成菜的烹调方法。红烧用料广泛，山珍海味、家禽家畜、蔬菜水产、豆制品等原料都适合烧制菜肴。

①工艺流程。

选料切配→初步熟处理→调味烧制→收汁装盘

②操作要领。

a.调整各原料成熟度，统一烧制时间。

b.放汤要适量，汤多了会味淡，汤少了则主料不易烧透。

c.注意提色配料。

d.把好收汁关。

③成菜特点。

a.色泽红亮。

b.鲜香味厚，汁浓适口。

c.质地细嫩熟软。

（2）干烧

不用水淀粉收汁，是在烧制过程中，用中小火将汤汁基本收干，其滋味渗入原料内部或沾在原料表面上的烹调方法。

①工艺流程。

选料切配→初步熟处理→调味干烧→收汁装盘

②操作要领。

a.掌握好原料熟处理方法和加工程度。

b.汤量适当。

c.合理调味。干烧常用的复合味有咸鲜味、家常味、酱香味等味型。

③成菜特点。

a.油汁明亮，不呈现汤汁。

b.多为深红色或金黄色。

c.口味浓郁。

（3）白烧

白烧是指成菜后芡汁为白色的烧制方法。白烧的做法基本和红烧相同，不同的是白烧不加糖色、酱油等有色调味品，以保持原料自身的颜色，用芡宜薄，以既能使原料入味，又不掩盖其本色为好。

①工艺流程。

选料切配→初步熟处理→调味烧制（不加有色调料如酱油、糖色等）→收汁成菜

②操作要领。

a.原料新鲜无异味。

b. 保证色泽清爽。

③成菜特点。

芡汁色白素雅，醇厚味鲜，质感鲜嫩。

（4）酱烧

酱烧是指调料以酱（甜面酱、黄酱等）为主的烧制方法，即用热锅温油把酱炒出香味，再加调料和适量的鲜汤炒匀，然后放入过油后的主料，烧至酱汁均匀地粘裹于原料上成菜的烹调方法。

①工艺流程。

选料切配→初步熟处理→调味烧制（用甜面酱、黄酱等调味）→收汁成菜

②操作要领。

a. 选料一般适合一些蔬菜类，如冬笋、苦瓜、茭白。

b. 用过油作为第一道工序。

c. 火候把握准确。先用大火烧开，然后用小火进行慢烧，使原料成熟入味，汤汁浓稠。

③成菜特点。

色泽酱红，味咸甜适口，酱香味浓郁。

（5）葱烧

葱烧是指以葱为主要配料，先将葱放入油锅中煸炒出葱香味，再加入鲜汤，放入经过处理后的原料，用旺火烧开后加调料，改用中小火烧至成熟入味，勾芡收汁成菜的一种烹调方法。成菜亮汁亮油，颜色清爽，有浓郁的葱香味。

（6）家常烧

家常烧也叫辣烧，突出菜肴的家常味型。即先用热油将辣酱炒出香味出色，然后加入鲜汤、调料、主料用大火烧开后，改用中小火烧至成熟入味、勾芡成菜的一种烹调方法。成菜具有色泽红亮、原料软嫩、鲜香可口、微辣、亮汁亮油的特点。

（7）菜肴实例

魔芋烧鸭

魔芋烧鸭是四川的一道家常菜肴。魔芋是一类健康食品，具有通脉降压、减肥健身的作用，因此在日本被一些爱美人士所推崇。魔芋与鸭同烧，其成菜具有色泽红亮、质地熟软、咸鲜香辣的特点，是众多美食爱好者的喜爱之物。

材　料	工艺流程	
主　料 肥鸭1只（约重1000克） **调辅料** 魔芋500克 蒜苗50克 泡红辣椒30克 泡子姜30克	**原料初加工** 　　鸭子洗净后斩成长约6厘米、宽约2厘米的条状，魔芋切成长约5厘米、粗约1.5厘米的条状，姜蒜切成1.2厘米见方的薄片，蒜苗切成马耳朵形，郫县豆瓣剁细。	图4.63

122

续表

材　料	工艺流程
调辅料 花椒 1 克 大蒜 10 克 郫县豆瓣 50 克 精盐 4 克 味精 4 克 酱油 10 克 料酒 30 克 鲜汤 1 000 克 水淀粉 20 克 精炼油 1 000 克（约耗 100 克）	**关键点** 　　选用肥嫩的土鸭为佳，鸭条大小一致均匀。 **初步熟处理** 　　将魔芋放入沸水中焯水，去异味，捞出漂入温水中，鸭条放入六成热的油锅中过油。 **关键点** 　　魔芋要焯水去异味，魔芋在烧制过程中不宜过久，入味即可。 **烧制成菜** 　　炒锅置旺火上，放油烧至三成热时，加入郫县豆瓣炒香至油呈红色，再加入鲜汤烧沸，去渣留汁，放入鸭条、花椒、姜蒜片、精盐、料酒、酱油转入小火将鸭条 图 4.64 烧至熟软。加入沥干水的魔芋，待魔芋烧入味后加入味精、蒜苗，用水淀粉勾成二流芡收汁成菜。 **关键点** 　　掌握好烧制的火候，成菜要求达到亮汁亮油的效果。

成菜特点　色泽红亮，质地熟软，咸鲜香辣。

适用范围　筵席及零餐使用。

将鸭条过油有什么作用？

干烧臊子鱼

干烧臊子鱼运用干烧的烹调方法，成菜具有色泽棕红、咸鲜醇厚、肉末香酥的特点。鱼类具有丰富的蛋白质、钙和脂肪等多种营养素，是人们餐桌上必不可少的美味原料。

材　料	工艺流程
主　料 草鱼 1 尾（约 500 克）	**原料初加工** 　　鱼经初加工后，在鱼身两面划一字花纹 3 ~ 4 刀（刀深约 0.2 厘米），用精盐、料酒码味，猪肉剁碎，姜、蒜去皮切成小颗粒，葱、泡辣椒切成 6 厘米长的段，芽菜切细节。

续表

材　料	工艺流程
调辅料 猪肉 60 克 泡辣椒 20 克 芽菜 10 克 精盐 4 克 姜米 7 克 蒜米 7 克 葱白 100 克 酱油 5 克 味精 1 克 料酒 15 克 醪糟汁 30 克 鲜汤 300 克 香油 20 克 精炼油 1 000 克（约耗 100 克）	**关键点** 　　初步加工时，不伤鱼鳃盖，不弄破苦胆，鱼码味的咸度要恰当。 **炸制成熟** 　　炒锅置旺火上，放油烧至七成热时，加入鱼炸紧皮至浅黄捞出，去余油，锅内留少许油，放入猪肉、精盐炒至酥香，放少许酱油起锅，装入碗内待用。 **关键点** 　　炸鱼的油温宜高，但不能将其炸焦，肉碎要炒制酥香。  图 4.65 **烧制成菜** 　　将炒锅置旺火上，放油烧至四成热时，加入泡辣椒、姜、蒜末炒出香味，加鲜汤、精盐、酱油、醪糟汁。放入鱼烧沸后，用小火烧 10 分钟。再将鱼翻面，加芽菜、肉末、葱段，烧至汁干亮油时，加味精、芝麻油起锅装入盘内即成。  图 4.66 **关键点** 　　加汤烧制以刚淹没鱼为好，用中小火烧至鱼形完整，滋润亮油。

　　成菜特点　色泽棕红，味咸鲜醇厚，鱼肉细嫩，肉末香酥。

　　适用范围　筵席及零餐使用。

思考题

比较干烧和家常烧的异同点。

13）烩

烩是指将多种易熟或初步处理的小型原料，一起放入锅内加入鲜汤，调味品用中火加热烧沸出味，勾芡成汁宽芡浓的成菜方法。

（1）工艺流程

选料切配→初步熟处理→烩制成菜

（2）操作要领

①选料：烩制菜肴原料选择广泛，主要以鲜香细嫩、易熟无异味的原料为主。

②熟处理：焯水或滑油的原料要控制在刚熟的程度。

③汤汁：因为烩制菜肴汤汁较多，所以关键在于要用好汤，尤其是高档原料更要

用高汤，不可用清水代替。

④火候：烩制菜肴一般选用中小火为宜。

⑤勾芡：烩菜汤汁较多，所以绝大多数菜肴都要勾芡，烩菜一般使用稀芡，但也要稀稠适度，切忌出现淀粉疙瘩。

（3）成菜特点

用料多样，汁宽芡厚，色泽鲜艳，菜汁合一，滑腻爽口，清淡鲜香。

（4）菜肴实例

三鲜鱿鱼

"三鲜"是川菜中常用的一种组合，类似"什锦"，属于相对固定的配菜组合。三鲜鱿鱼具有原料丰富多样、质地软嫩的特点，常在中低档筵席上出现，颇受老人的喜爱。

材　　料	工艺流程	
主　料 水发鱿鱼 500 克 **调辅料** 熟火腿 80 克 胡萝卜 80 克 冬笋 80 克 青笋 80 克 菜心 100 克 奶汤 400 克 鲜汤 600 克 姜片 20 克 葱段 20 克 胡椒粉 2 克 精盐 4 克 料酒 5 克 味精 2 克 水淀粉 20 克 化猪油 30 克	**刀工成形** 　　将涨发好的鱿鱼改刀成 6 厘米大小的块，上十字花刀，用沸鲜汤煨起来。胡萝卜、冬笋、青笋焯水，与熟火腿一起切成长 8 厘米、宽 3 厘米、厚 0.3 厘米的片，菜心洗干净。 **关键点** 　　水发鱿鱼必须将碱去净，并用鲜汤多煨几次。	 图 4.67
	烩制成菜 　　锅置火上，放油烧至五成热时，下姜片、葱段炒出香味，掺入奶汤，放胡椒粉、精盐、料酒调味。然后放入胡萝卜、熟火腿、冬笋、青笋，烩制入味后捞出装盘。菜心用鲜汤煮断生后放在盘底，锅内下味精用水淀粉勾芡，放鱿鱼推匀捞出装在盘内即可。 **关键点** 　　烩制时间不宜太长，勾芡后再放入鱿鱼是为了避免水发鱿鱼遇油、盐卷曲。	 图 4.68

成菜特点　色泽淡雅，口味清淡，鱿鱼肉嫩软糯。

适用范围　中低档筵席使用。

如何才能将烩制菜肴中的原料口味充分地融合？

14）煨

煨是指经炸、煸、炒、焯水等初步热处理的原料，掺入汤汁，用旺火烧沸，去浮沫，放入调味品加盖用微火长时间加热至酥烂而成菜的烹调方法。适合煨的原料以鸡、鸭、鹅、猪肉、龟、鳖、牛肉为主。

（1）工艺流程

选料切配→初步熟处理→煨制成菜

（2）操作要领

①煨制菜肴时间较长，一般选用肌纤维比较粗老、胶质较多的整禽、畜类的某个部位、水产品的干制品等。

②煨制菜肴注重原料的本味，一般在操作中不使用其他香料。

③煨制菜肴一般用小火长时间加热成菜。

（3）成菜特点

主料软糯酥烂，汤汁多而浓，口味香鲜醇厚。

（4）菜肴实例

红枣煨肘

"红枣煨肘"是川菜中的传统名菜，具有食疗滋补之功效。此菜为煨的典型代表，红枣富含丰富的维生素和糖，具有健脾益胃、补血养颜的功效，猪肘富含丰富的胶原蛋白和脂肪，对于人体皮肤的改善有较大的作用。"红枣煨肘"具有软糯香甜、滋补营养的特点，特别受到老年人的青睐。

材 料	工艺流程
主 料 猪肘1个（约1000克） **调辅料** 红枣150克 姜片30克 葱段30克 糖色30克 冰糖300克 精盐5克 鸡骨250克 料酒15克 鲜汤1500克	**原料初加工** 　　将猪肘放入旺火上，皮烧焦后放入热水中刮洗干净。与鸡骨一起放入水锅中焯水，除去血污，大枣去核、洗净。冰糖打碎待用。 **关键点** 　　猪肘的毛要去净，火烧猪皮要均匀，刮洗时不能伤破肘皮，焯水时血污要除尽。 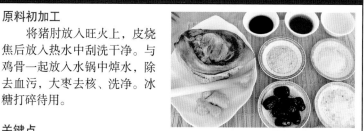 图4.69 **煨制成菜** 　　砂锅内依次放入鸡骨、姜片、鲜汤、糖色、葱段、精盐、冰糖、大枣、猪肘，用旺火烧沸，去净浮沫。移至小火加盖煨制约3小时后待肘子煨软糯，汤汁浓稠，捡出鸡骨、姜、葱，起锅入盘，皮朝上，红枣围在四周，最后浇入原汁即成。  图4.70

续表

材　料	工艺流程
	关键点 　　煨肘子时使用小火，要酥软而不烂，保证猪肘内部也要入味。煨制过程中，防止猪肘皮粘锅。

成菜特点　色泽棕红，质地软糯，味甜咸鲜，形态完整。
适用范围　中高档筵席及零餐使用。

思考题

酱油能代替糖色在此菜中使用吗？为什么？

15）蒸

蒸是指经加工切配、调味装盛的原料，利用蒸汽加热使之成熟或软熟入味成菜的烹调方法。

（1）清蒸

清蒸是指将主料加工成半成品后，加入调味品，掺入鲜汤蒸制成菜的一种蒸法。适用于鸡、鸭、鱼、猪肉等原料。

①工艺流程。

加工处理→装盛调味→蒸制成菜

②操作要领。

a.原料焯水时以 60 ～ 80 ℃ 热水下料较好，汤沸时要撇尽浮沫，要控制焯水的加热程度，捞出原料可再用 25 ～ 30 ℃ 的温水洗涤一下，使色泽洁净，刀工最宜在原料晾凉后进行，利于刀工，又使原料美观。

b.清蒸菜肴成菜时，应拣去姜、葱、花椒，保持菜肴清爽整洁，要保持清蒸菜肴的原汁，加上菜前原汁量不足，可添适当的鲜汤。

③成菜特点。

具有菜肴本色、质地细嫩、咸鲜醇厚、清淡爽口等特点。

（2）旱蒸

旱蒸又称扣蒸，是指原料只加调味品不加汤汁，有的器皿还要加盖或用皮纸封口后蒸制成菜的一类蒸法，具有形态完整、原汁原味、鲜嫩或熟软的特点，适用于鸡、鸭、鱼、猪肉、部分水果、蔬菜等原料。

（3）粉蒸

原料经加工切配，再放入调味汁调味后，用适量的大米粉拌和均匀，上笼蒸到软熟滋润成菜的一类蒸法，此类蒸法有色泽金红或黄亮油润，软糯滋润，醇浓香

鲜，油而不腻的特点，适用于鸡、鱼、猪肉、牛肉、羊肉和部分根、豆类、蔬菜等原料。

（4）菜肴实例

粉蒸肉

"粉蒸"是四川的特色蒸法，主料经过切配后，加入调味料腌渍，用适量的大米粉拌匀，上笼蒸制。成菜后色泽红亮、肉质软糯、咸鲜略甜带辣。

材　料	工艺流程
主料 带皮猪五花肉 300 克 **调辅料** 鲜豌豆 150 克 大米粉 60 克 郫县豆瓣 30 克 豆腐乳汁 10 克 酱油 10 克 料酒 4 克 精盐 2 克 姜米 5 克 葱叶 5 克 味精 2 克 花椒粉 1 克 醪糟汁 10 克 糖色适量 鲜汤 150 克 精炼油 10 克	**原料初加工** 　　猪肉切成长 10 厘米、厚 0.3 厘米的片，葱叶铡碎，郫县豆瓣炒香，肉片装入盆内。加酱油、料酒、醪糟汁、姜米、豆腐乳汁、郫县豆瓣、味精、糖色、花椒粉、铡碎的葱叶，拌匀，再加入米粉、鲜汤拌匀放 15 分钟后装入蒸碗内。豌豆放入拌肉的盆内，加盐、米粉、少许鲜汤拌匀，装入蒸碗内。  图 4.71 **关键点** 　　底味要给足，干湿恰当，郫县豆瓣应先炒再拌肉，才会有香味。 **蒸制成菜** 　　将装好的蒸碗放入笼内，用旺火沸水蒸至肉熟软，出笼翻扣入盘内成菜。 **关键点** 　　蒸制时用旺火，水开后再放进笼中，切忌中途断火。  图 4.72

成菜特点　色泽红亮，肉质软糯，米粉成熟疏散，豌豆清香，咸鲜略甜带辣。
适用范围　大众便餐及中低档筵席。

思考题

粉蒸肉在蒸制过程中切忌断火，这是为什么？

咸烧白

"咸烧白"是四川传统风味菜肴之一，具有浓郁的乡土特色，是四川农家筵席"三蒸九扣"中不可缺少的菜肴。"咸烧白"以宜宾芽菜打底，虽然用的是大片的五花肉做成，但是经过长时间蒸制，肉中的油脂已经渗到垫底的芽菜中，肉吃起来香浓软糯、肥而不腻，深受广大食客的喜爱。

材　料	工艺流程
主 料 带皮猪五花肉 200 克 **调辅料** 泡红辣椒 10 克 芽菜 150 克 豆豉 10 克 姜 1 克 花椒 1 克 精盐 1 克 酱油 10 克 糖色 3 克 精炼油 500 克	**原料初加工** 　　芽菜洗净切成 1 厘米的节，泡红辣椒切成"马耳朵"，姜切成"指甲片"。猪肉刮洗干净放进水锅中煮至断生，捞出趁热在肉皮上抹上糖色，锅中烧油放猪肉炸至红色时捞出，放热汤中泡至回软，晾凉切成长 10 厘米、宽 5 厘米、厚 0.4 厘米的片，整齐地摆入碗内，将酱油、精盐、豆豉、泡红辣椒、芽菜拌匀，放在肉片上定碗待用。  图 4.73 **关键点** 　　五花肉煮至断生即可，趁热才能上色。炸肉皮的温度不宜过高，谨防油溅到身上。肉不能太肥，肉片的厚薄、长短要均匀。注意芽菜的咸度，避免成菜后过咸。
	蒸制成菜 　　将定好碗的肉片放进蒸笼中，用旺火蒸约 1 小时，取出扣盘成菜。 **关键点** 　　控制好蒸制的火候，以肉片较软为宜。  图 4.74

成菜特点　色泽棕红，肉质较软，咸鲜醇厚，肥而不腻。
适用范围　大众便餐及筵席使用。

思 考 题

咸烧白为何选用五花肉为主料？

特色菜肴及创新川菜制作工艺

知识教学目标

1. 了解传统川菜的烹饪方法。
2. 了解创新川菜从哪些方面进行创新。

能力培养目标

1. 能够独立制作传统川菜。
2. 掌握传统川菜的烹饪特点。
3. 运用不同原料、烹饪工艺结合川菜的烹调技术创新菜品。

思政目标

1. 观看老师制作传统川菜，学习精湛的技法，做好成为一名传统文化传承者的准备。
2. 学习传统川菜和创新川菜，提高烹饪技术，增加自己核心竞争力，具备敢于创新、能够创新的能力。

任务1 鸡豆花

鸡豆花是"十大川菜"之一。在以麻辣为主的川菜字典里，"鸡豆花"独具特色。其操作难度较高，技术考究，很考验厨师的耐心和细心。"鸡豆花"是一道制作极为精细的工艺菜肴，至今已有100多年的历史，一般在川菜的高档筵席中出现。它选料精细、制作讲究，工序较为复杂，有"豆花不用豆，吃鸡不见鸡"的说法。此菜具有色泽洁白、形似豆花、质地细嫩的特点，特别适合老年人食用。

材　料	工艺流程
主　料 净鸡脯肉 250 克 **调辅料** 火腿 20 克 豌豆苗 20 克 鸡蛋清 200 克 姜 10 克 葱 10 克 精盐 8 克 味精 1 克 胡椒粉 1 克 特制清汤 1500 克 水淀粉 50 克	**原料初加工** 　　将鸡脯肉捶细成蓉，火腿切成细末，豌豆苗择洗干净，姜、葱加水调成姜葱水待用。 **关键点** 　　鸡蓉一定要捶细。  图 5.1 **调制鸡浆** 　　鸡蓉中加入姜葱水、鸡蛋清、胡椒粉、精盐、味精、水淀粉搅匀成鸡浆，豌豆苗放入沸水锅中焯水断生、捞出。 **关键点** 　　控制好鸡浆的干稀度，保证鸡浆能够凝结，呈豆花状。 **制作成菜** 　　先将炒锅置火上，加入清汤、精盐烧至沸腾。再将鸡浆加冷清汤调稀搅匀倒入锅内，轻轻推动几下，烧至沸腾，转入小火待鸡浆凝结、成熟。将锅内的汤舀一部分到碗内，然后将鸡豆花舀入，在鸡豆花上撒上火腿末，放入经烫熟的豌豆尖。最后舀入一部分汤即可。 **关键点** 　　煮鸡豆花的火力不宜过大，防止冲散鸡豆花而影响成形。  图 5.2

成菜特点　色泽洁白，形似豆花，质地细嫩。
适用范围　中高档筵席使用。

在制作鸡豆花时，最关键的几个步骤是什么？

任务2　合川肉片

　　"合川肉片"是川菜菜肴之一，为重庆合川的传统名菜，历史悠久，在川菜中有着重要的地位，极富地方特色。一般肉片都是采取炒、爆、熘等烹调方法，而此菜却是将肉片煎制后再烹制成菜。在制作技法上，对刀工、调味和火候也有较高的要求。口味自然不同寻常。

材 料	工艺流程
主 料 猪后腿肉 150 克 **调辅料** 水发兰片 40 克 水发木耳 30 克 鲜菜心 30 克 姜米 5 克 蒜米 5 克 葱花 20 克 郫县豆瓣 30 克 精盐 2.5 克 料酒 10 克 味精 1.5 克 酱油 15 克 全蛋淀粉 110 克 白糖 10 克 精炼油 70 克	**原料初加工** 　　将猪肉切成长约 5 厘米、宽 3 厘米、厚 0.3 厘米的片，放入碗内用精盐、料酒、全蛋豆粉拌匀。将玉兰片切成片，郫县豆瓣剁细。另将精盐、白糖、醋、味精调成滋汁。  图 5.3 **关键点** 　　肉片与全蛋淀粉的比例要适当，上浆后呈半流体状。调味汁时不加入鲜汤、淀粉。 **煎制处理** 　　炒锅置火上，放油烧至四成热。先将肉片理平放入锅内煎制一面呈浅黄色，再翻面将另一面也煎成浅黄色待用。 **关键点** 　　不能因为图快而对肉片采用油炸的方式。油炸的肉片口感与煎出的截然不同，用小火慢煎。 **炒制成菜** 　　锅置火上，放油，加入郫县豆瓣、姜、蒜米、葱花炒香。加玉兰片、木耳、鲜菜心略炒，烹入兑好的滋汁，炒匀后起锅装盘即成。  图 5.4 **关键点** 　　合理掌握各种调味料的使用量。

成菜特点　色泽红亮，外酥内嫩，咸鲜微辣，略带甜酸。
适用范围　大众便餐。

思考题

在调制味汁时为何不能加入鲜汤？

任务3　小煎鸡

"小煎鸡"属于滑炒类的菜肴，重用泡辣椒调味，味型辣中带酸。因鸡腿含水量较多，炒制好后口感滑嫩，在川南地区家喻户晓，是川菜家常味中具有代表性的菜肴之一。

材　料	工艺流程
主　料 净鸡肉 150 克 **调辅料** 莴笋 30 克 芹菜 20 克 泡辣椒节 10 克 姜片 5 克 蒜片 5 克 马耳朵葱 15 克 精盐 2 克 味精 1 克 酱油 10 克 料酒 10 克 醋 5 克 白糖 1 克 鲜汤 25 克 水淀粉 25 克 精炼油 50 克	**原料初加工** 　　先将鸡肉用刀尖戳断筋膜，再排松切成"小一字条"装入碗内，加精盐、料酒、水淀粉拌匀。泡红辣椒切成约5厘米长的段，莴笋切成"筷子条"。用少许盐码味，芹菜切成长3厘米的节。  图 5.5 **关键点** 　　因为此菜配料较多，所以在进行刀工处理时不应切得太小，否则成菜后会显得杂乱无章。 **滋汁调制** 　　碗内放精盐、酱油、白糖、醋、料酒、味精、水淀粉、鲜汤调成滋汁。 **关键点** 　　滋汁颜色呈浅茶色为好。 **炒制成菜** 　　炒锅置旺火上，放油烧至五成热，下鸡肉炒散籽。加泡红辣椒、姜、蒜片炒出香味，再放入莴笋条、芹菜、葱炒匀，烹入滋汁，簸匀装盘即可。  图 5.6 **关键点** 　　整个烹调中要求快速成菜，避免将鸡肉炒得太老。

　　成菜特点　色泽棕红，鸡肉细嫩，味咸鲜微酸辣。
　　适用范围　大众便餐，佐酒下饭均可。

从哪些方面可以保证鸡肉肉质细嫩？

任务4　酸菜鱼

　　酸菜鱼的味型是酸、甜、苦、辣、咸五味中的首位，在川菜中地位很高。泡酸菜

在四川可谓是家喻户晓,不仅可以作为开胃的随饭菜,而且可以制作出很多诱人食欲的美食。新起的泡菜水必须融合一部分老坛泡菜水,才能做出老坛的味道。这也是四川人走南闯北精神上的寄托,一代代传承的经典。酸菜与鱼合烹,酸菜叮以去掉鱼肉的腥味,鱼又可以将鲜味融合于酸菜,是一道很具地方特色的菜肴。

材　料	工艺流程
主　料 草鱼 1 尾（约重 800 克） **调辅料** 泡青菜 200 克 野山椒 50 克 姜米 10 克 蒜末 15 克 葱花 30 克 精盐 3 克 胡椒粉 2 克 料酒 10 克 鸡蛋清 30 克 干细淀粉 30 克 鲜汤 800 克 精炼油 100 克	**鱼加工** 　　先将鱼初加工,然后将净鱼加工成 0.3 厘米的片,用料酒、精盐码味。再将鸡蛋清和淀粉调制成蛋清浆,泡青菜切成薄片,野山椒剁细。  图 5.7 **关键点** 　　鱼片宜厚,以保证成菜时形态完整。 **制作成菜** 　　锅内放油烧至六成热时,放入泡青菜、姜蒜米、野山椒炒香。放入鲜汤烧沸出味,再放入精盐、胡椒粉、味精调味。将鱼片拌上蛋清浆后,放入锅内煮熟起锅,装入汤碗再撒上葱花即成。  图 5.8 **关键点** 　　泡青菜要用油炒香,加鲜汤熬出味道之后才能够加精盐调味。鱼片下锅以断生刚熟为佳,不宜久煮。

　　成菜特点　鱼片色白,质嫩,咸鲜酸香。
　　适用范围　中低档筵席及零餐使用。

思考题

为什么下入鱼片后不能久煮?久煮会怎样?

任务5　五香熏鱼

　　"五香熏鱼"是由最初的炸收菜肴"五香鱼"演变而来。此菜具有色泽棕红、质地酥软、略带烟香的特点，特别适合佐酒食用。

材 料	工艺流程
主 料 草鱼1尾（约1000克） **调辅料** 姜30克 葱50克 精盐5克 料酒30克 糖色20克 五香粉5克 鲜汤200克 精炼油1500克（约耗100克） 柏树枝400克 锯末200克	**原料初加工** 　　将鱼进行初加工后取下鱼肉，片成0.3厘米厚的片。姜葱拍破，放入装鱼片的碗内，加精盐、料酒码味。 **关键点** 　　码味调料的用量要足，成菜后才有底味。  图5.9
	炸制 　　锅内放油，烧至七成热时，下鱼片炸至浅黄色时捞出。 **关键点** 　　鱼片下锅极易粘连，可以加入少量精炼油和匀再炸，炸制时，油温宜高。
	鱼片收汁 　　锅置中火上，掺入鲜汤烧开，加精盐、料酒、糖色、五香粉熬制10分钟，待味融合后放入鱼片，收汁入味起锅。 **关键点** 　　收汁时，掺汤不宜太多，收汁时间也不宜太长，否则鱼片容易碎烂，影响成形。
	熏制成菜 　　将鱼片放入熏炉中，用柏树枝和锯末熏制约5分钟取出，晾凉后装盘成菜。 **关键点** 　　烟熏时，应等充分燃烧产生烟后再放入原  图5.10 料，避免用冷烟熏制，影响菜肴色泽和口味。若无柏树枝和熏炉，可用大米、茶叶等作为熏料，在铁锅中进行熏制。

　　成菜特点　色泽棕红，质地酥软，味咸鲜略甜，带烟香味。
　　适用范围　大众便餐，适合佐酒。

为什么要避免用冷烟熏制？

任务6 大蒜鲶鱼

"大蒜鲶鱼"是川菜中的菜肴，色泽红亮、蒜香浓郁，具有滋阴养血、补中气、开胃、利尿的作用，是食疗滋补的良好菜肴。

材　料	工艺流程
主料 仔鲶鱼两条（约重200克） **调辅料** 独蒜50克 郫县豆瓣15克 姜米5克 泡辣椒蓉8克 葱花10克 精盐2克 料酒20克 酱油5克 醋5克 白糖7克 味精1克 鲜汤200克 水淀粉6克 精炼油1000克（约耗60克）	**原料初加工** 　　独蒜剥皮，修切。鲶鱼去内脏、洗涤，用刀将鲶鱼背脊斩成长约3厘米间隔的连刀段，放精盐、生姜、葱段、料酒拌匀。 **关键点** 　　鲶鱼刀工处理要斩断脊骨，但不能将其断开，便于整条鲶鱼装盘造型。  图5.11 **炸制** 　　锅内放油，烧至七成热时，放入鲶鱼炸至表皮微黄时捞出。 **关键点** 　　炸鲶鱼的目的是紧皮，不宜久炸。 **烧制成菜** 　　锅内放油，加入郫县豆瓣、泡辣椒蓉、独蒜、姜米炒香至油呈红色。掺入鲜汤、酱油、精盐、白糖、料酒、醋，放入鱼烧至熟软入味。鱼起锅装盘，锅内汤汁加味精、水淀粉勾成二流欠。加葱花起锅，淋浇在盘内鱼身上即成。  图5.12 **关键点** 　　烧制时，应掌握好味汁的色泽、火力的大小及原料的成熟入味程度。

成菜特点　色泽棕红，皮糯肉细嫩，咸鲜带辣。
适用范围　筵席及大众便餐。

思考题

鲶鱼过油炸制有什么作用？

任务7　烧椒茄子

"烧椒茄子"是当下一款深受食客喜爱的凉菜，特别适合在夏季食用。将茄子和烧椒一起合烹。成菜具有清香熟软，烧椒味浓郁，咸鲜辣中带酸的特点。

材　料	工艺流程
主　料 茄子 500 克 **调辅料** 鲜青椒 50 克 蒜泥 20 克 葱花 5 克 醋 10 克 精盐 5 克 味精 3 克 白糖 5 克 辣椒油 30 克 香油 5 克 鲜汤 30 克	**原料初加工** 　　将鲜青椒拿到小火上慢烤，烤至表皮破裂，然后用刀剁细。茄子洗净、去蒂，剖为两半，放进蒸笼蒸制约 10 分钟取出待用。 **关键点** 　　烧椒一定要用小火进行烤制，不能将其内部也烤煳。茄子可以去皮进行蒸制，蒸制时间不宜过长，以免影响茄子的成菜口感。  图 5.13 **调味成菜** 　　将剁好的烧椒末放入碗内，加入精盐、味精、白糖、醋、蒜泥、辣椒油、香油、鲜汤调散均匀。将晾凉后的茄子用手撕开，整齐地放入盘内，把调好的味汁淋在茄子上，撒上葱花即可。  图 5.14 **关键点** 　　鲜汤的用量不宜过大，茄子在调好味后还会出水，按比例准确投放各种调味品。

成菜特点　色泽鲜艳，烧椒味浓郁，咸鲜辣中带酸。

适用范围　大众便餐。

思考题

如何判断茄子是否蒸制得恰到好处？

任务8　沸腾鱼

"沸腾鱼"是从"水煮鱼"创新而来的一道菜肴。由于这道菜肴在上桌时热油仍然在冒泡，好像鱼在里面游动，故而取名"沸腾鱼"。刀工、火候是制作沸腾鱼

的要点，是否能做到麻辣鲜香、细嫩爽口，关键在于厨师对基本功的掌握和对食材的理解。

材　料	工艺流程
主　料 草鱼 1000 克 **调辅料** 莴笋尖 400 克 芹菜 100 克 蒜苗 100 克 干辣椒 250 克 青花椒 100 克 姜 35 克 蒜 30 克 葱 40 克 精盐 8 克 味精 3 克 白糖 5 克 蛋清淀粉 80 克 料酒 20 克 郫县豆瓣 40 克 香菜 30 克 鲜汤 1000 克 精炼油 800 克	**原料初加工** 　　对草鱼进行初加工后，去骨取净肉，片成 0.3 厘米厚的片。用精盐、料酒、姜葱码味后，再用蛋清淀粉上浆备用。将芹菜、蒜苗、莴笋尖清洗干净，芹菜、蒜苗切成 7 厘米长的段，莴笋尖切成相应大小的片，干辣椒切成 1.5 厘米长的节，蒜切成末，香菜切成短节。  图 5.15 **关键点** 　　鱼片要片得厚薄适当，太薄易碎，太厚则不易入味。鱼片的底味要码足。 **初步熟处理** 　　炒锅置火上，放入适量的油。将莴笋尖、芹菜、蒜苗炒断生，放盐、味精起锅装入盘底。 **关键点** 　　蔬菜不宜久炒，断生即可。 **成菜** 　　锅置火上，放豆瓣、姜末炒香上色，掺入鲜汤。加精盐、味精、白糖、料酒，放入鱼片滑散断生，迅速捞出，放在盘内垫底的菜上面，并将干辣椒、花椒撒在鱼片上。将剩下的精炼油放入锅内，烧至高油温，淋在鱼片上，中间放上蒜末，四周放上香菜即成。  图 5.16 **关键点** 　　油温一定要高，否则就没有沸腾的效果。鱼片放入锅内不能久滑。

　　成菜特点　色泽红亮，热油翻滚，麻辣鲜香，香气扑鼻。
　　适用范围　中低档筵席及零餐使用。

思考题

如果鱼片在锅内久滑，再浇上热油会有什么后果？

辣子鸡

"辣子鸡"是一道大众喜闻乐见的美味佳肴。重庆"歌乐山辣子鸡"非常出名。此菜以鸡肉为主料，辅以大量的干辣椒和干花椒精制而成，鸡肉具有麻辣鲜香、外酥内嫩的特点，也体现了当地人火辣的性格下也有细腻温柔的一面。辣子鸡是一道极具地方特色的美食。

材　料	工艺流程
主　料 仔鸡1只（约重700克） **调辅料** 精盐5克 味精3克 料酒5克 姜20克 葱20克 蒜20克 白糖5克 熟芝麻15克 干辣椒300克 干花椒100克 精炼油1 500克（约耗100克）	**原料初加工** 　　将鸡斩成2.5厘米见方的丁，用精盐、料酒、姜、葱码味。干辣椒切成1.5厘米的节，姜蒜切片，葱切"马耳朵"。 图5.17 **关键点** 　　鸡肉码味一定要足，因为鸡肉经过炸制后在烹调中精盐已经不能进入其内部。 **炸制** 　　锅置旺火上，加油烧至七成热，放入码味的鸡丁炸至成熟且表皮色黄时捞出待用。 **关键点** 　　炸制油温宜高，以使鸡丁达到外酥内嫩的效果。 **炒制成菜** 　　锅置火上，放入适量精炼油，加入姜、蒜炒出香味放入干辣椒和干花椒。翻炒至有浓郁的呛鼻味道后，放入炸好的鸡肉炒制。待麻辣香味融入鸡肉内，加入 图5.18 葱、味精、白糖、熟芝麻翻炒均匀起锅装盘成菜。 **关键点** 　　花椒和辣椒的用量宜大，待炒出香味之后再放入鸡肉翻炒。

　　成菜特点　麻辣香鲜，鸡肉外酥内嫩。
　　适用范围　大众便餐及佐酒。

思考题

辣子鸡的制作步骤中最为关键的有哪些?

任务10 香辣虾

"香辣虾"是创新川菜中的一道菜肴。在制作中,重用花椒、辣椒。它充分展示了四川人对麻辣的喜爱,选用鲜活的基围虾进行烹调,成菜之后香辣浓郁,肉质细嫩。相传,四川人南人下,在石镇码头看见当地渔民捕捞大虾,南下的人中有善烹饪者,随即将大虾与四川烹调技法结合,制作出这道"香辣虾",广受欢迎。这也是四川人走南闯北,将饮食文化带向全国各地的有力证明。

材　料	工艺流程
主　料 基围虾 500 克 **调辅料** 干辣椒节 50 克 花椒 15 克 姜片 15 克 蒜片 15 克 葱花 15 克 青椒、红椒各 50 克 精盐 5 克 味精 2 克 香辣酱 30 克 白糖 2 克 料酒 20 克 熟芝麻 15 克 精炼油 1 000 克(约耗 100克)	**原料初加工** 　　将虾洗净,去掉虾须、虾枪、虾线,用精盐、料酒、姜葱码味,放入六成热的油锅中略炸变色捞出。将青红椒切成长 4 厘米、宽 1 厘米的条。  图 5.19 **关键点** 　　去掉虾须是为了避免在炸的时候掉落影响成菜效果,虾下油锅时不要炸得太久,变色后就捞出。 **炒制炸制** 　　锅内放油烧至三成热,放入香辣酱、蒜片、姜片炒香,放入辣椒节、花椒、虾翻炒均匀至出香味。再加入青红椒条(辣椒油)、精盐、白糖、味精、葱花、熟芝麻炒入味,起锅装盘成菜。  图 5.20 **关键点** 　　炒制香辣酱时,油温不要太高,香辣酱本身具备一定的咸度。在调味时,应考虑到这一点,辣椒和花椒的香味一定要炒出来,辣椒油是否投放应看成菜的效果。

成菜特点　色泽棕红,香辣味浓郁,虾肉细嫩。

适用范围　筵席及大众便餐。

思考题

在日常生活中还能将虾换成其他的烹饪原料吗?

任务11 酸汤肥牛

肥牛大多数出现在火锅原料中。此菜经过厨师的精心改良,将肥牛刨成卷,用调制好的酸汤料进行烹调。成菜酸辣可口,肥牛质嫩香鲜。

材 料	工艺流程
主 料 肥牛 250 克 **调辅料** 金针菇 200 克 野山椒 200 克 海南黄辣酱 1 瓶 青椒 50 克 洋葱 50 克 精盐 5 克 胡椒粉 2 克 味精 3 克 鲜汤 1 000 克 化鸡油 100 克 精炼油 100 克	**原料初加工** 　　金针菇去蒂洗净,肥牛用刨片机刨成薄片,青椒、洋葱切成块。 **关键点** 　　肥牛不能刨得太厚,否则成菜后肉质偏老。  图 5.21 **酸汤调制** 　　锅置旺火上,放精炼油、鸡油烧热,下洋葱、青椒、野山椒炒香。掺入鲜汤熬制10分钟,去渣。调入海南黄辣酱、盐、胡椒粉、味精即成酸汤。 **关键点** 　　酸汤应熬煮出味,咸味适度,酸辣适口。 **制作成菜** 　　金针菇汆水成熟,放入汤碗内垫底。肥牛在酸汤里烫煮成熟,放在金针菇上面,将酸汤倒入汤碗即成。 **关键点** 　　肥牛不能煮制过久,影响口感。  图 5.22

成菜特点　色泽金黄,肉嫩肥美,酸辣适口。
适用范围　大众筵席及零餐使用。

思考题

酸汤在调制中应注意哪些事项?

任务12 炒田螺

"炒田螺"是一道风味菜肴。在夏季，四川有一种特别受人欢迎的街边小吃，俗称"冷淡杯"。它集纳凉、休闲、饮酒为一体。"炒田螺"之类的菜肴常常会出现在此处，食客点上一盘炒田螺，加少许小酒，食饮起来惬意十足。

材　料	工艺流程
主　料 田螺 800 克 **调辅料** 干红辣椒节 200 克 花椒 80 克 姜 30 克 葱段 50 克 蒜 30 克 五香料 10 克 郫县豆瓣 50 克 料酒 30 克 精盐 5 克 味精 3 克 白糖 3 克 醋 5 克 鲜汤 500 克 香油 20 克 精炼油 150 克	**原料初加工** 　　烹调时，应将田螺的屁股部分用钳子剪掉，再清洗干净，放入沸水中进行焯水（其间可以向水中加入醋、料酒达到去腥的目的）。焯好水后，用凉水透凉，姜蒜拍破，五香料可以用水泡一下。  图 5.23 **关键点** 　　田螺在烹调之前可以先用清水养 1 ~ 2 天，让其把体内的泥沙都吐出来，中间应换水 5 ~ 6 次。可以向水中滴少量香油，田螺会吐得更干净。 **制作成菜** 　　锅置火上，放入精炼油烧热，加入郫县豆瓣、葱、蒜、姜、五香料炒香出色。加入干辣椒、花椒炒出香味，掺入鲜汤，放精盐、白糖、料酒调味。放入焯好水的田螺，用小火慢慢收至入味，加入味精、香油起锅装盘成菜。  图 5.24 **关键点** 　　在收制过程中，应用小火慢慢使其入味。田螺寄生虫较多，一定要让其充分成熟。

成菜特点　色泽红亮，麻辣香鲜，回味无穷。
适用范围　适宜佐酒。

在烹制田螺时将其底部剪掉有什么作用？

参考文献

[1] 冯玉珠.烹调工艺学[M].4版.北京：中国轻工业出版社，2014.

[2] 张海豹，徐孝洪.川菜制作工艺[M].北京：中国轻工业出版社，2020.

[3] 龙青蓉.川菜制作技术实验教程[M].成都：四川人民出版社，2009.

[4] 李新.川菜烹饪事典[M].成都：四川科技出版社，2013.

[5] 赵品洁.教学菜：川菜[M].4版.北京：中国劳动社会保障出版社，2015.

[6] 韦昔奇，赵品洁，杨俊.川菜冷菜制作技术[M].重庆：重庆大学出版社，2020.